Christian Rusch

Untersuchung der Datensicherheit selbstkonfigurierender Funknetzwerke

Christian Rusch

Untersuchung der Datensicherheit selbstkonfigurierender Funknetzwerke

im Bereich von mobilen Arbeitsmaschinen am Beispiel der Prozessdokumentation

Südwestdeutscher Verlag für Hochschulschriften

Impressum/Imprint (nur für Deutschland/only for Germany)
Bibliografische Information der Deutschen Nationalbibliothek: Die Deutsche Nationalbibliothek verzeichnet diese Publikation in der Deutschen Nationalbibliografie; detaillierte bibliografische Daten sind im Internet über http://dnb.d-nb.de abrufbar.
Alle in diesem Buch genannten Marken und Produktnamen unterliegen warenzeichen-, marken- oder patentrechtlichem Schutz bzw. sind Warenzeichen oder eingetragene Warenzeichen der jeweiligen Inhaber. Die Wiedergabe von Marken, Produktnamen, Gebrauchsnamen, Handelsnamen, Warenbezeichnungen u.s.w. in diesem Werk berechtigt auch ohne besondere Kennzeichnung nicht zu der Annahme, dass solche Namen im Sinne der Warenzeichen- und Markenschutzgesetzgebung als frei zu betrachten wären und daher von jedermann benutzt werden dürften.

Coverbild: www.ingimage.com

Verlag: Südwestdeutscher Verlag für Hochschulschriften GmbH & Co. KG
Heinrich-Böcking-Str. 6-8, 66121 Saarbrücken, Deutschland
Telefon +49 681 37 20 271-1, Telefax +49 681 37 20 271-0
Email: info@svh-verlag.de

Zugl.: Berlin, Technische Universität Berlin, Diss., 2012

Herstellung in Deutschland (siehe letzte Seite)
ISBN: 978-3-8381-3450-5

Imprint (only for USA, GB)
Bibliographic information published by the Deutsche Nationalbibliothek: The Deutsche Nationalbibliothek lists this publication in the Deutsche Nationalbibliografie; detailed bibliographic data are available in the Internet at http://dnb.d-nb.de.
Any brand names and product names mentioned in this book are subject to trademark, brand or patent protection and are trademarks or registered trademarks of their respective holders. The use of brand names, product names, common names, trade names, product descriptions etc. even without a particular marking in this works is in no way to be construed to mean that such names may be regarded as unrestricted in respect of trademark and brand protection legislation and could thus be used by anyone.

Cover image: www.ingimage.com

Publisher: Südwestdeutscher Verlag für Hochschulschriften GmbH & Co. KG
Heinrich-Böcking-Str. 6-8, 66121 Saarbrücken, Germany
Phone +49 681 37 20 271-1, Fax +49 681 37 20 271-0
Email: info@svh-verlag.de

Printed in the U.S.A.
Printed in the U.K. by (see last page)
ISBN: 978-3-8381-3450-5

Copyright © 2012 by the author and Südwestdeutscher Verlag für Hochschulschriften GmbH & Co. KG and licensors
All rights reserved. Saarbrücken 2012

Vorwort

Die vorliegende Arbeit entstand zum großen Teil während meiner Tätigkeit als wissenschaftlicher Mitarbeiter am Fachgebiet Konstruktion von Maschinensystemen im Rahmen des Forschungsprojektes „Landwirtschaftliches selbstkonfigurierendes Kommunikationssystem".

Mein ganz besonderer Dank gilt Prof. Dr.-Ing. H. J. Meyer für die Betreuung der Arbeit, aber auch für die Freiheit meiner Forschung, um die Ideen verwirklichen zu können. Ebenfalls bedanken möchte ich mich bei Prof. Dr.-Ing. habil. T. Herlitzius für die Übernahme des Koreferats und bei Prof. Dr. rer. nat. H. Lehr für den Prüfungsvorsitz.

Bei meinen Kollegen bedanke ich mich für die interessanten Diskussionen und die gute Zusammenarbeit. Bedanken möchte ich mich bei allen Partnern des LaSeKo-Projektes besonders bei Arndt und Thomas von der Firma LogicWay, ohne deren Hilfe diese Arbeit niemals zustande gekommen wäre.

Meinen Schwiegereltern und Freunden möchte ich meinen ganz herzlichen Dank aussprechen für die Unterstützung während meiner Zeit als Doktorand. Besonders bedanken möchte ich mich bei Sebastian und Oliver, die einen sehr wichtigen Beitrag zum Gelingen meiner Doktorarbeit geleistet haben. Bedanken möchte ich mich auch bei meinen Eltern, die hinter meinen Entscheidungen standen und mich immer unterstützt haben.

Widmen möchte ich die Arbeit meiner Frau Bianka und unseren beiden Kindern Elias und Lara, die mir immer den Rücken freigehalten haben.

Greffen, im April 2012   Christian Rusch

Kurzfassung

Das Produkthaftungsgesetz für Lebensmittel fordert eine lückenlose Dokumentation der landwirtschaftlichen Prozesse durch den Landwirt. Mit Hilfe eines autonomen Datenaustausches zwischen mobilen landwirtschaftlichen Arbeitsmaschinen auf dem Feld und einem zentralen Datenserver kann diese Forderung erfüllt werden.

Die Basis dieses Dokumentationssystems sind eingebettete elektronische Systeme, die in der Lage sind, autonom miteinander über Funk zu kommunizieren und Daten auszutauschen. Moderne Ernte- und Transportmaschinen erfassen mittels Sensoren die benötigten Informationen wie z. B. Position, Geschwindigkeit, Kornfeuchte, Durchsatz usw. Um die relevanten Maschinendaten detektieren zu können, werden die Kommunikationssysteme mit den CAN-Bussen der landwirtschaftlichen Maschinen verbunden. Systeme zur Ertragsdatenerfassung sind am Markt verfügbar, jedoch erfolgt die Datenübertragung in das Farm Management Informationssystem manuell. Weiterhin gibt es Telemetriesysteme, die die Maschinendaten direkt über Mobilfunk (GPRS) übertragen. Die Nachteile solcher Systeme bestehen in den Providergebühren, der geringen Netzabdeckung in ländlichen Gebieten, den geringen Übertragungsraten und der Einschränkung, dass keine direkte Kommunikation zwischen den Maschinen auf dem Feld aufgebaut werden kann.

Aus diesen Gründen werden die Kommunikationssysteme zusätzlich mit Nahbereichsfunkschnittstellen versehen. Um den Anforderungen in der Praxis gerecht zu werden, werden die zur Verfügung stehenden Standards auf ihre Eignung hin untersucht. Die Auswahlkriterien sind Stromaufnahme, Reichwei-

Kurzfassung

te, Datenrate und Hardwarekosten. Der IEEE 802.15.4 erfüllt die gestellten Anforderungen am besten.

Da die Funknetzwerke in der Landwirtschaft hoch dynamisch sind, d.h. Maschinen kommen dazu oder fallen weg, werden Ad-Hoc Netzwerke benötigt. Außerdem ist die Reichweite der einzelnen Kommunikationsmodule nicht zuletzt wegen der geringen Sendeleistung eingeschränkt, somit müssen die Daten mittels der Transportfahrzeuge zum Server auf den Hof übertragen werden. Hierbei muss sichergestellt werden, dass der Mähdrescher die Daten an ein Überladefahrzeug übergibt, welches dann die Daten auf den Hof-Server überträgt. Eine Übertragung der Daten an einen weiteren Mähdrescher ist nicht sinnvoll. Es werden daher Prozessprioritäten (PP) für folgende Maschinengruppen definiert: Mähdrescher (PP 70), Transportfahrzeuge (PP 60) und der Hofserver (PP 00), der die niedrigste PP besitzt. Eine Datenübertragung erfolgt immer nur zu einer niedrigeren PP. Das Prioritätenmodell kann modifiziert und an unterschiedliche Ernteketten angepasst werden. Für eine lückenlose Rückverfolgbarkeit des Erntegutes, müssen die Überladevorgänge und die Prozesspartner detektiert und dokumentiert werden.

Um die Datensicherheit, d.h. kein Datenverlust oder Zugriff durch Unbefugte, zu gewährleisten, wurden Standards zur Verschlüsselung der Daten und Datenüberprüfung untersucht. Die entwickelten Sicherheits- und Kommunikationsmechanismen sowie das Dokumentationssystem wurden in Feldtests bewertet und deren Funktionalität nachgewiesen.

Schlagwörter: Rückverfolgbarkeit, Nahrungsmittel, Funkkommunikation, IEEE 802.15.4, Sicherheit, mobile Arbeitsmaschinen

Abstract

The product liability law for food requires from the farmer a complete documentation of agricultural processes. This requirement can be satisfied by an autonomic data exchange between mobile agricultural machines on the field and a central data server.

The documentation system is based on embedded electronic systems, which are able to communicate with each other and to exchange data via radio. Modern harvester and transport machines record information such as position, ground speed, grain moisture and throughput via several sensors. The communication systems are connected with the CAN-busses of agricultural machines in order to detect relevant machine data. Nowadays, systems for yield data recording are available on the market, but the data is transferred to the farm management information system manually by a storage medium. Several existing telemetry systems transfer machine data directly via mobile radio (GPRS). Disadvantages of such systems are provider fees, low network coverage in rural areas, low transfer rates and a missing direct communication between machines on the field.

Due to these reasons, the communication systems are provided with short-range radio interfaces. In order to fulfill the practical requirements, existing standards are analyzed. Selection criterions are current consumption, range, data rate and hardware costs. IEEE 802.15.4 satisfies these criterions best.

Radio networks in agriculture are very dynamic, meaning that further machines can appear or disappear. Therefore, ad-hoc networks are needed. As the range of every single communication module is limited, the data has to

Abstract

be transmitted to the farm server. In this context, a combine harvester has to transmit the data to an unloading vehicle, which transmits it to the farm server. The data transfer from one to another combine harvester does not make sense.

Therefore, process priorities (PP) are defined for the following machine groups: combine harvester (PP 70), transport machine (PP 60) and farm server (PP 00), which has the lowest PP. The data is always transferred to a lower PP in order to ensure the transfer to the farm server. This model can be modified for and adapted to other applications. In order to guarantee a complete traceability of the crop, the combine harvester has to detect and to document the unloading process and process partners.

In order to guarantee the data security, meaning neither data loss nor unauthorized access, different standards for data encryption and data verification are analyzed. During field tests, the developed security and communication mechanisms as well as the documentation system were evaluated and their functionality verified.

Keywords: Retracement, Food Products, Wireless Communication, Security, IEEE 802.15.4, Mobile Working Machines

Inhaltsverzeichnis

1 Einleitung   **1**

2 Stand der Technik und der Forschung   **3**
2.1 Telematik-, Dokumentations- und Ertragskartierungssysteme 3
     2.1.1 Telematiksysteme. 3
     2.1.2 Dokumentations- und Ertragskartierungssysteme im Getreidebau   4
2.2 Überblick relevanter Forschungsprojekte 8
2.3 Befragung von Landwirten 15
     2.3.1 Fragebogen und Auswertung 15
2.4 Transport-, Umschlags- und Lagerszenarien in der Getreideernte 17

3 Rechtliche Rahmenbedingungen   **21**
3.1 Produkthaftungsgesetz 21
3.2 Cross Compliance 23
     3.2.1 Lebensmittelhygiene 25
     3.2.2 Dokumentation und Rückverfolgbarkeit 26
3.3 Emissionshandel und Klimaschutz in der Landwirtschaft 26
3.4 Bundesdatenschutzgesetz und Betriebsverfassungsgesetz 27

4 Problemstellung und Lösungsansatz   **31**

Inhaltsverzeichnis

5 Systementwicklung und Aufbau **35**
5.1 Aufbau und Funktionsweise der Kommunikationsboxen 35
    5.1.1 Embedded Linux und die Atmel-Entwicklungsumgebung 38
    5.1.2 Buildroot 41
    5.1.3 Bootloader U-Boot 43
    5.1.4 Entwicklung der Nahbereichsfunkschnittstelle 44
    5.1.5 GSM/GPRS Schnittstelle 56
    5.1.6 Socket CAN Schnittstelle 58
    5.1.7 Real Time Clock 60
    5.1.8 GPS Deamon und NTP Zeitsynchronisierung 61
    5.1.9 Boardsteuerung 63
    5.1.10 Hardware der LaSeKo-Box 66
    5.1.11 Entwicklung eigener Applikationen für die LaSeKo-Box 66
    5.1.12 Datenaustausch zwischen den Kommunikations-Boxen und dem Server 68
5.2 John Deere Gateway 71
5.3 Datenserver 73
    5.3.1 Datenbank 74
    5.3.2 Leitstandssoftware 76

6 Kommunikationssoftware und deren Sicherheit **79**
6.1 Datenaufzeichnung und -übertragung 79
    6.1.1 LaSeKo-Funkprotokoll 80
    6.1.2 CAN-Daten Aufzeichnung und Speicherung 87
    6.1.3 GPS-Daten Erfassung und Zeitkorrektur 87
    6.1.4 Erstellung der XML-Dokumentationsdateien 88
6.2 Verschlüsselung der Daten zur Übertragungen 89
    6.2.1 Verschlüsselung des Funkverkehrs 89
    6.2.2 Verschlüsselung der XML-Dateien 90
    6.2.3 Zugriff auf die LaSeKo-Box 91
6.3 Datenintegrität der Aufzeichnung und Übertragung 91
    6.3.1 Kanalzugriffsverfahren CSMA/CA 92
    6.3.2 Zyklische Redundanzprüfung 93
    6.3.3 ARQ-Protokolle 97
    6.3.4 MD5-Prüfsumme der XML-Dateien 98

7	**Feldtests und Hinweise für die Praxis**	**101**
7.1	Hinweise für die Praxis	105

8	**Zusammenfassung und Ausblick**	**109**

Literaturverzeichnis	**111**

A	**Fragebogen**	**123**

B	**Blockschaltbilder der LaSeKo - Box**	**127**

C	**Anleitungen für das U-Boot**	**131**
C.1	Flashen des Filesystems per TFTP-Protokoll	131
C.2	Konfiguration des U-Boots, um von der SD-Karte zu Booten.......	132
	C.2.1 Shellscript zum Erstellen einer bootbaren SD-Karte:	133

x

Symbolverzeichnis

Abkürzungen

AEF	Agricultural Industry Electronics Foundation
AES	Advanced Encryption Standard
ARQ	Automatic Repeat Request
$BetrVG$	Betriebsverfassungsgesetzes
$BDSG$	Bundesdatenschutzgesetzes
BOD	Brown Out Detection Level
CAN	Controller Area Network
CC	Cross Compliance
CF	Compact Flash
CRC	Cyclic Redundancy Check
$CSMA/CA$	Carrier Sense Multiple Access/Collision Avoidance
$d.h.$	das heißt
$DSSS$	Direct Sequence Spread Spectrum
EU	Europäische Union
$GPIO$	General Purpose Input/Output
GPL	General Public License
$GPRS$	General Packet Radio Service
GPS	Global Position System
$GPRMC$	Global Position Recommended Minimum Sentence C
GSM	Global System for Mobile Communication

Symbolverzeichnis

GUI	Graphical User Interface
FCF	Frame Control Field
$FHSS$	Frequency Hopped Spread Spectrum
$FIMS$	Farm-Management-Informations-System
FSM	Finite State Machine
HCI	Host Controller Interface
HF	Hochfrequenz
ID	Identity
IP	Ingress Protection
ISO	International Organization for Standardization
$JTAG$	Joint Test Action Group
$LaSeKo$	Landwirtschaftliches selbstkonfigurierendes Kommunikationssystem
$LFGB$	Lebensmittel-, Bedarfsgegenstände- und Futtermittelgesetzbuch
LQI	Link Quality Indication
MAC	Medium Accsess Control
$MAIS$	Management Instance System
$max.$	maximal
$NMEA$	National Marine Electronics Association
$NTPD$	Network Time Protocol Deamon
PAL	Platform Abstraction Layer
PAN	Personal Area Network
PER	Package Error Rate
PHR	Physical Header
PHY	Physical
$PMBus$	Power Management Bus
PP	Prozess Priorität
$ProdHaftG$	Produkthaftungsgesetz
$R2B$	Robot to Business
$RFID$	Radio Frequency Identification Technologie
RTC	Time Clock
SAE	Society of Automotive Engineers
SAL	Security Abstraction Layer
SCP	Secure Copy

SHR	Synchronization Header
$SO-DIMM$	Small Outline Dual in-line Memory Module
SOF	Start of Frame
SPI	Serial Peripheral Interface
SSH	Secure Shell
STB	Security Toolbox
TAL	Transeiver Abstraction Layer
TFA	Transceiver Feature Access
TPS	Transceiver Programming Suite
TU	Technische Universität
$u.a.$	unter anderem
USB	Universal Serial Bus
$usw.$	und so weiter
$WLAN$	Wireless Local Area Network
$z.B.$	zum Beispiel
$z.Zt.$	zur Zeit

Formelzeichen

W	Wahrscheinlichkeit
M	Menge aller Nachrichten
R	Menge aller falschen Nachrichten

Abbildungsverzeichnis

2.1 Blockschaltbild des Teleservicemoduls ESX-TC3 [16] 5
2.2 Ertragskarte für Winterweizen [2] 7
2.3 Prozessanalyse eines landwirtschaftlichen Arbeitsablaufes [101] . . 10
2.4 Schematische Darstellung eines Baustellennetzwerks [82] 13
2.5 Korndummies, RFID- Transponder und Winterweizen [46] 14
2.6 Schematische Darstellung der Erntekettenstruktur 17
2.7 Betriebszeitanalyse mit CLAAS Telematics [52] 18
2.8 Kippanhänger. 18

4.1 Überlade- und Wiegevorgänge bei der Getreideernte 32
4.2 LaSeKo Ernte- und Transportszenario 34

5.1 Blockschaltbild der LaSeKo - Box (Kommunikationsbox) 36
5.2 Abstraktionsschichten unter Linux [19] 40
5.3 Datenrahmen nach dem IEEE 802.15.4 Standard [34] 47
5.4 Format des Frame Control Fields (FCF) [34] 48
5.5 Data Frame Format [34] 49
5.6 Acknowledge Frame Format [34] 50
5.7 Beacon Frame Format [34]. 50
5.8 MAC-Command Frame Format [34] 51
5.9 MAC-Architektur des MAC-Software Paketes von Atmel [5] 53
5.10 Aufbau eines Bluetooth Asynchronous Connection-Less (ACL) Paketes. 55

Abbildungsverzeichnis

5.11 Softwareschichten mit Host Computer Interface (HCI) [110] 55
5.12 Schichtenmodel des Socket CAN im Linuxkernel [26] 59
5.13 Zeitlicher Verlauf der RTC-Versorgungsspannung [56] 61
5.14 Träger- und Mainboard der Kommunikationsbox [14] [15] 67
5.15 Schematische Darstellung des Datenbankentwurfs [57] 75
5.16 Benutzeroberfläche des Leitstand-Demonstrators [57].......... 77

6.1 Einfaches Beispiel eines endlichen Zustandsautomaten [104] 83
6.2 Datenübertragung des LaSeKo Funkprotokolls [104]........... 85
6.3 Erkennung des Prozesspartners 86
6.4 PER in Abhängigkeit der LQI [42] 96
6.5 Übertragungszeiten des IEEE 802.15.4 Standards [71] 98

7.1 LaSeKo-Installationen in der Mähdrescherkabine 103
7.2 Kontaktaufnahme zwischen zwei Prozesspartnern............. 105

B.1 DIMMCPUCB09 Blockschaltbild [15] 128
B.2 DIMMCPUCB09 Blockschaltbild [14] 129

Tabellenverzeichnis

2.1 Unterschiede von Erntekartierungssystemen 8

3.1 Datenzugriffsrechte der unterschiedlichen Benutzer 29

4.1 Anforderungen an landwirtschaftliche Dokumentationssysteme . . 34

5.1 Vergleichsmatrix der Nahbereichsfunkstandards [105] [78] [61]. . . 46
5.2 Inhalt des GPRMC-Datensatzes [22] 62
5.3 Zustände der Boardsteuerung auf dem Trägerboard [77] 64
5.4 Enthaltenen Informationen in den Dateinamen der LaSeKo-XML Daten 69
5.5 Ernterelevante XML-Datensätze 70
5.6 XML-Datensatz Überladevorgang 71
5.7 Fahrer- und Maschinendatensätze 72

6.1 Informationen in der Konfigurationsdatei 81

Kapitel 1

Einleitung

Im Jahr 2050 wird die Weltbevölkerung auf 9,2 Milliarden Menschen angewachsen sein und um den immensen Nahrungsbedarf zu decken, müssen die landwirtschaftlichen Produktionsverfahren effizienter geplant und gesteuert werden [28]. Nicht nur durch das Anwachsen der Bevölkerung steigen die Anforderungen an die moderne Landwirtschaft, denn die Konsumenten verlangen nach bezahlbaren, gesunden und sicheren Lebensmitteln. Der jüngste Dioxinskandal zeigte, um den Verbraucher zu schützen, wird eine lückenlose Rückverfolgung und Überwachung von Lebens- und Futtermitteln benötigt.

Eine Umsetzung dieser Anforderungen beinhaltet eine sehr genaue Dokumentation der landwirtschaftlichen Prozesse, hier insbesondere die pflanzen- und maschinenspezifischen Parameter. Weiterhin muss beachtet werden, dass durch den zusätzlichen Aufwand keine Mehrkosten entstehen. Im Gegenteil, die Produktionskosten müssen durch den Einsatz autonomer Dokumentations- und Planungssysteme gesenkt werden.

In den letzten Jahren sind im Bereich der drahtlosen Kommunikation sehr große Fortschritte erzielt worden, insbesondere in der Unterhaltungs- und Mobilelektronik. Für eine Erhöhung der Sicherheit im Straßenverkehr wird an der Car2Car Kommunikation gearbeitet. Die direkte Kommunikation zwischen den Fahrzeugen erfolgt im 5,9-Ghz-Band und darf ausschließlich für Car2Car Kommunikation im Straßenverkehr verwendet werden [11].

Die vorhandenen Funkstandards und -protokolle können aufgrund des speziellen Umfelds mobiler Arbeitsmaschinen nicht direkt verwendet werden. Ein wichtiger Aspekt der zu betrachten ist, ist die geringe Netzabdeckung in länd-

1 Einleitung

lichen Gebieten. Somit besteht nicht immer eine direkte Verbindung zu einem Server. Ist eine Mobilfunkverbindung vorhanden, ist es oft keine Breitbandverbindung und die Datenrate ist kleiner als 15 kByte/s.

Aufbauend auf bestehenden Funkprotokollen und -standards müssen neue Kommunikationsmethoden entwickelt werden. Daher soll in der vorliegenden Arbeit die Entwicklung und Validierung der Systemhardware und der auf die Landwirtschaft ausgerichteten Kommunikationsmechanismen untersucht werden. Insbesondere werden die Zuverlässigkeit und Datensicherheit geprüft. Denn um die Akzeptanz der Landwirte zu erreichen, muss der Zugriff von Dritten unterbunden werden, es dürfen keine Daten verloren gehen und keine Mehrkosten entstehen.

Diese wissenschaftliche Arbeit entstand im Rahmen des Forschungsprojektes Landwirtschaftliches Selbstkonfigurierendes Kommunikationssystem (LaSeKo). In diesem wurde ein selbstkonfigurierendes Kommunikationssystem für die Dokumentation von landwirtschaftlichen Prozessen entwickelt.

Kapitel 2
Stand der Technik und der Forschung

In dem folgenden Kapitel werden die in der Praxis eingesetzten Telematik-, Dokumentations- und Ertragskartierungssysteme sowie Forschungsprojekte vorgestellt. Des Weiteren wird auf eine Befragung von Landwirten zur Getreideernte und deren Auswertung eingegangen.

2.1 Telematik-, Dokumentations- und Ertragskartierungssysteme

2.1.1 Telematiksysteme

Da die Funktionsweise der klassischen, in der Landwirtschaft eingesetzten Telematiksysteme nahezu gleich ist, werden nur drei Beispiele aufgeführt: JD-LINK (John Deere), Telematics (Claas) und VarioDocPro (Fendt). Die Datenübertragung erfolgt per Mobilfunk d. h. über die vorhandenen GSM/GPRS Netze. Hierfür sind auf den Maschinen Mobilfunkmodems installiert, die die aufgezeichneten CAN-Bus Daten an einen zentralen Server übermitteln. VarioDocPro übermittelt die Daten nicht an einen zentralen Server, sondern an den Hofrechner des landwirtschaftlichen Betriebs. Durch die Speicherung der Daten auf einem zentralen Server besteht die Befürchtung der Landwirte, dass die Daten durch Dritte eingesehen werden könnten [88].

Der Vorteil eines solchen Systems liegt darin, dass bei einer bestehenden Funkverbindung Daten direkt an den Server übermittelt werden können. Nachteile sind die hohen Providerkosten, die in ländlichen Gebieten schlechte Netzabdeckung und die geringen Datenraten.

Im Oktober 2010 hat die Firma Sensortechnik Wiedemann ein linuxbasier-

2 Stand der Technik und der Forschung

tes Teleservicemodul auf den Markt gebracht. Das ESX-TC3 Modul ist kein herkömmliches Teleservicemodul, denn es bietet zusätzlich WLAN-und Bluetoothschnittstellen mit denen Daten auch im Nahbereichsfunk übertragen werden können. Andere Teleservicemodule können die Daten lediglich über GSM oder GPRS übertragen. Das in der Abbildung 2.1 dargestellte Blockschaltbild des ESX-TC3 zeigt aufgrund der Vielzahl von Schnittstellen seine hohe Flexibilität.

Ein großer Vorteil eines solchen Linuxsystems ist, dass die Schnittstellen direkt bereitstehen und die Treiber oft direkt von den Hardwarehersteller entwickelt werden. Des Weiteren ist die entwickelte Applikationssoftware vollkommen unabhängig von der verwendeten Hardware und kann sehr leicht auf andere Linuxplattformen übertragen werden. Der verwendete Mikrocontroller kann nur drei Schnittstellen zur Kommunikation bereitstellen. Deshalb muss entschieden werden, welche drei der vier Schnittstellen benötigt werden. Es kann zwischen GPRS, GPS, WLAN und Bluetooth gewählt werden.

2.1.2 Dokumentations- und Ertragskartierungssysteme im Getreidebau

Eine Ertragskartierung zeigt georeferenziert die erreichten Erträge auf dem Schlag. Dies ist für die teilflächenspezifische Landwirtschaft wichtig. Hieraus ergibt sich die Möglichkeit, an Stellen mit einem hohen Ertrag zusätzlich zu düngen und an Stellen mit niedrigem Ertrag den Dünger einzusparen. Eine solche Ertragskartierung macht besonders bei einer Erfassung über mehrere Jahre hinweg Sinn, da hierdurch Zonen mit unterschiedlichem Ertragspotenzial erkannt werden können [84].

Die hier beschriebenen Dokumentationssysteme werden vornehmlich im Getreidebau verwendet. Für die Erfassung der Ertragskarten müssen der Ertrag, Fahrgeschwindigkeit, Durchsatz und Kornfeuchte erfasst werden. Der aktuelle Durchsatz auf dem Mähdrescher wird über den Gutstrom am Elevator erfasst. Als Beispiel werden hier zwei unterschiedlichen Messverfahren aufgeführt [54]:

- Kraft- oder Impulsverfahren mit Prallplatte oder Messfinger
- Volumetrische Messung mit einer Lichtschranke
- Strahlungsquelle und -detektor

Beide Messsysteme müssen kalibriert werden. Um optimale Messergebnisse zu erzielen, muss die Kalibrierung bei jedem Fruchtwechsel geschehen, besser

2.1 Telematik-, Dokumentations- und Ertragskartierungssysteme

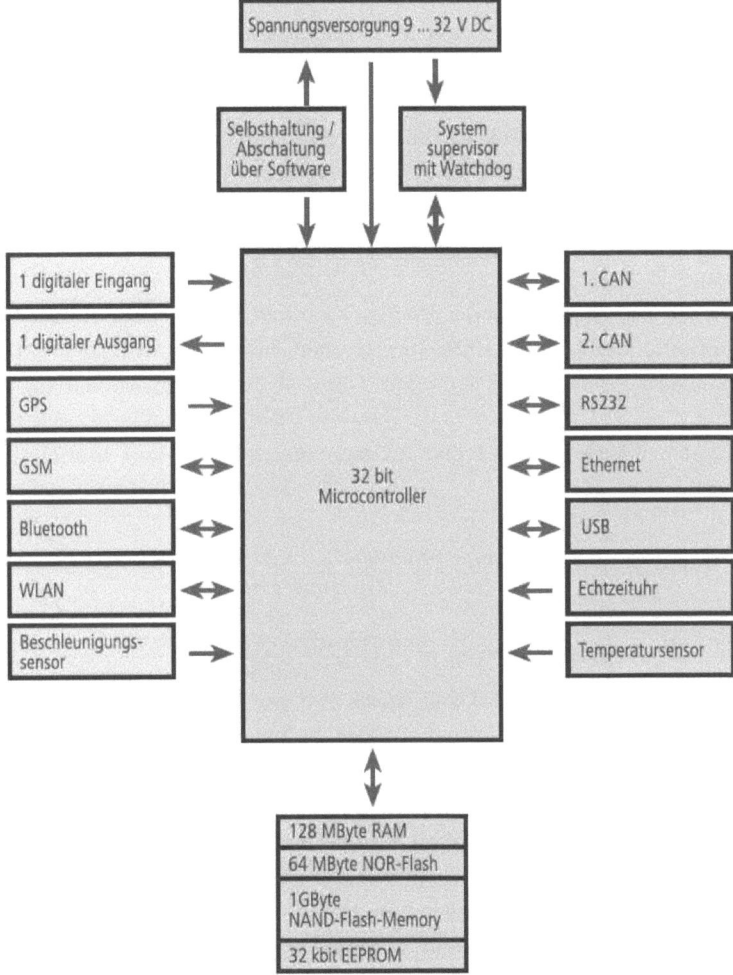

Abbildung 2.1: Blockschaltbild des Teleservicemoduls ESX-TC3 [16]

wäre es bei jedem Schlagwechsel. Dies geschieht, in dem eine Korntankladung auf einer Waage gegen gewogen wird und der Kalibrierfaktor in das Terminal des Ertragserfassungssystems eingegeben wird. Dies ist sehr aufwendig, da nur eine Korntankladung pro Anhänger transportiert wird. Solch ein Vorge-

2 Stand der Technik und der Forschung

hen ist bei großen Entfernungen kaum realisierbar und wird deshalb nur selten durchgeführt. Mit einer genauen Anhängerwaage könnte dieses Problem aber behoben werden.

Weiterhin muss die Schnittbreite erfasst werden. Dies geschieht über die Schneidwerksbreite bei voller Schnittbreite. Bei einer Teilschnittbreite erfolgt die Messung mit Hilfe eines Schnittbreitensensors oder die Schnittbreite muss vom Mähdrescherfahrer direkt eingegeben werden. Die Fahrzeuggeschwindigkeit wird über Sensoren an den Rädern erfasst oder über das GPS-Signal ermittelt.

Um die Vergleichbarkeit der Erträge zu ermöglichen, muss die Kornfeuchte bestimmt werden. Mit Hilfe eines Kornfeuchtesensors wird die elektrische Leitfähigkeit des Getreides gemessen. Diese ist direkt proportional zur Kornfeuchte.

Mit den Gleichungen 2.1 und 2.2 kann der lokale Ertrag bestimmt werden [84].

$$\text{Teilfläche} = \frac{Fahrzeuggeschwindigkeit * Schneidwerksbreite}{Messintervall} \quad (2.1)$$

$$LokalerErtrag = \frac{Durchsatz * Messintervall}{Teilfläche} \quad (2.2)$$

Eine Marktübersicht wird von Noack [84] gegeben. Alle großen Hersteller bieten Ertragserfassungssysteme an. Der Aufbau und die Grundfunktion ist bei allen Herstellern gleich. Das Messsystem erfasst die lokalen Ertragsdaten, verarbeitet diese und speichert sie positionsbezogen auf einem Wechseldatenträger im Mähdrescherterminal ab. Diese erfassten Ertragsdaten müssen dann mit Hilfe des Speichermediums auf den Büro-PC übertragen erden. Hier können sie dann in die jeweilige herstellerspezifische Software eingelesen, ausgewertet und Ertragskarten erstellt werden. Ein Beispiel einer Ertragskarte ist in Abbildung 2.2 dargestellt.

John Deere bietet das HarvestDoc-System an. Dieses misst den Durchsatz mittels einer Prallplatte im Elevatorkopf. Weiterhin werden Feuchte- und Kartierungsdaten positionsbezogen aufgezeichnet. Die Datenübertragung vom Mähdrescher auf den Büro-PC erfolgt durch eine Compact-Flash (CF) Speicherkarte. Die Firma CLAAS Agrosystems bieten das Ertragsmesssystem Quantimeter, das nach dem Lichtschrankenmessprinzip arbeitet. Erfasste Daten müssen ebenfalls mit Hilfe einer Speicherkarte übertragen werden. Das

2.1 Telematik-, Dokumentations- und Ertragskartierungssysteme

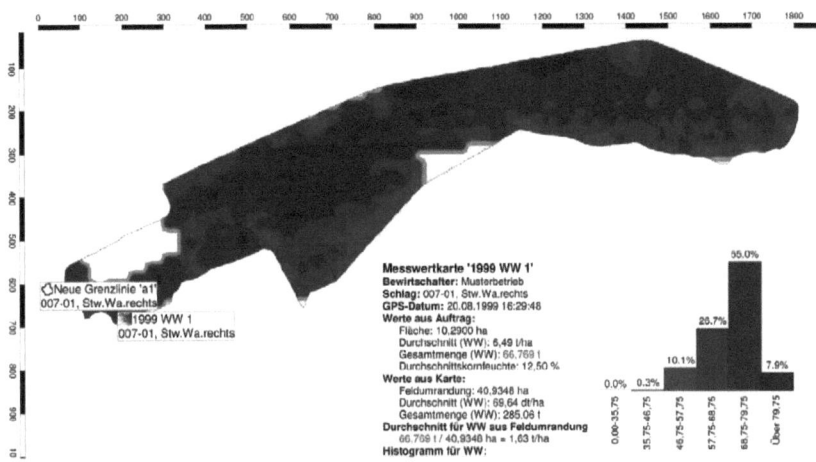

Abbildung 2.2: Ertragskarte für Winterweizen [2]

Ertragserfassungssystem von New Holland arbeitet nach dem Impulsprinzip. Laut Herstellerangaben liefert es durch eine spezielle Form der Prallplatte über einen längeren Zeitraum auch ohne Kalibrierung genaue Werte. Hier werden die Ertragsdaten im Info-View-Terminal gespeichert und müssen mit einem USB-Stick übertragen werden. Bei allen Systemen müssen die Daten manuell mittels eines Wechseldatenträgers vom Mähdrescher auf den Büro-PC übertragen werden. Diese Arbeit ist teilweise sehr zeitaufwendig [84].

Mit den gewonnenen Informationen werden dann Ertragskarten für die jeweiligen Schläge und Fruchtarten erstellt. Diese Ertragskartierungssoftware ist teilweise an den Hersteller gebunden. Aus diesem Grund haben die Daten auch ein firmenspezifisches Datenformat. Einige Hersteller stellen die Daten im ISOBUS-XML Fromat bereit. Das Datenformat ist in der Norm ISO 11783 [37] beschrieben und kann somit auch von anderen Herstellern verarbeitet werden.

Für die John Deere Maschinen bietet die Firma LandData Eurosoft die Software JDOffice mit dem Zusatzpaket JD ReportsMAP an. Diese Software liest die Mähdrescherdaten ein, speichert sie in einer Datenbank und erstellt die Ertragskarten. Weiterhin bietet LandData Eurosoft Werkzeuge an, um Ertragsdaten als ISOBUS-XML Datei zu exportieren. Somit können andere Hersteller dieses Daten ebenfalls nutzen. CLAAS AGROCOM bietet eine Ertragskartierung in der Software AGROMAP an. Der Hersteller New Holland

2 Stand der Technik und der Forschung

bietet ein Precision Farming System für Ertragskartierung auf dem Mähdrescher an. Enthalten ist ein Terminalrechner, die benötigten Sensoren und eine Desktopsoftware. Somit sind, wie schon beschrieben, teilweise nur herstellerspezifische Insellösungen auf dem Markt verfügbar. Jedoch wird in den letzten Jahren auf den ISOBUS-XML Standard gesetzt. In der Tabelle 2.1 werden die Unterschiede der Ertragskartierung von drei Herstellern aufgezeigt.

Tabelle 2.1: Unterschiede von Erntekartierungssystemen

Hersteller	Ertragserfassung	Speicher	Datenformat
CLAAS	Lichtschranke	CF-Karte	ISOBUS-XML
John Deere	Prallplatte	CF-Karte	Firmenspezifisch
New Holland	Impulsprinzip	USB-Stick	ISOBUS-XML

2.2 Überblick relevanter Forschungsprojekte

Die in den letzten Jahren neu entwickelten Technologien halten immer mehr Einzug in die Landwirtschaft u. a. Funktechnologien, mobiles Internet und Telematiksysteme. In diesem Kapitel sollen abgeschlossene und aktuelle Forschungsprojekte vorgestellt werden und die jeweils verwendeten Technologien.

Funkbasierte Sensornetzwerke in der Landwirtschaft

Durch die rasante Entwicklung der neuen Funktechnologien z. B. Bluetooth, IEEE 802.15.4 und WLAN wurden auch Applikationen in der Landwirtschaft denkbar. In [78] wird eine Übersicht über Anwendungen von Sensornetzwerken in der Landwirtschaft und Forstwirtschaft aufgezeigt. An dieser Stelle soll eine kurze Übersicht der möglichen Anwendungen dargestellt werden.

Eine der Anwendung ist die Klima- und Wetterüberwachung. Im Rahmen des Projektes „Intelligentes Holz - RFID in der Rundholzlogistik" wurde u. a. ein Sensornetzwerk für die Erfassung des Mikroklimas im Wald entwickelt [111]. An der Washington State University wurde ein Realtime Sensornetzwerk für eine Farm entwickelt. Es hatte zwei Aufgaben, erstens Wetterdaten aufzuzeichnen und zweitens eine Frostüberwachung und -alarmierung zu realisieren [86].

2.2 Überblick relevanter Forschungsprojekte

Weiterhin werden Sensornetzwerke für die Präzisionslandwirtschaft, die Maschinenüberwachung, das Erkennen von Pflanzenkrankheiten, im Weinbau und zur Bewässerung eingesetzt. Eine Forschergruppe an der Mahidol University von Bangkok hat ein ZigBee-Funknetzwerk entwickelt, das die GPS-Daten eines Traktors über Relaisstationen an einen zentralen Server übertragen hat. Dabei wurde die Multi-hop Funktion des ZigBee Netzwerksstacks verwendet [106]. Dieser sieht vor, dass die Daten von einem Teilnehmer über den nächsten bis hin zum Server weitergereicht werden. In Kapitel 5.1.4 wird darauf näher eingegangen.

Für die Automatisierung und einen effizienteren Umgang mit den Ressourcen ist eine genau Zustandsüberwachung im Gewächshaus zwingend notwendig. Hier sind ebenfalls die Vorteile eines Funknetzwerkes schnell zu erkennen. Deshalb wurde auch hier schon 2003 mit der Entwicklung begonnen. Das Kontrollsystem für Gewächshäuser von Liu und Ying basierte auf der Bluetooth Technologie [76].

Selbst in der Tierproduktion werden Sensornetzwerke eingesetzt. So haben Nadimi und seine Kollegen ein ZigBee-Netzwerk entwickelt, das die Bewegungen und Standorte von Kühen abbildet und an ein zentrales Gateway übermittelt [83].

Als letzter Anwendungsbereich soll die Lebensmittelindustrie genannt werden. Hier werden Sensornetzwerke u. a. für die Temperaturüberwachung von Kühltransporten eingesetzt. In einem Kühlcontainer werden an unterschiedlichen Positionen Temperatursensoren angebracht, die ihre Daten an ein zentrales Gateway im Container übermitteln. Dieses Gateway übermittelt dann die Daten per GSM/GPRS an den Überwachungsserver [60].

Verbundprojekt-DAMIT

Am Institut für Landmaschinen und Fluidtechnik der Technischen Universität (TU) Braunschweig wurde in Zusammenarbeit mit den Industriepartnern CLAAS, Grimme und Lineas Project Services an einem Datenmanagementsystem für Teleserviceapplikationen gearbeitet [75]. Es wurden die Ernteprozesse modelliert und neue Methoden zur Datenkomprimierung entwickelt. Da die Datenübertragungsraten von GSM/GPRS-Netzen für eine genaue Analyse der Daten von mobilen Arbeitsmaschinen nicht ausreichend ist, wurden neue Datenmanagementmethoden entwickelt [64]. In den Untersuchungen der

2 Stand der Technik und der Forschung

TU-Braunschweig wurden Positionsinformationen und Messwert-Zeitreihen für die Komprimierung der Daten herangezogen [63]. Als Beispiel für Messwert-Zeitreihen seien hier Druck-, Drehzahl- und Temperaturwerte genannt, deren Verlauf über die Zeit dargestellt wird. Anhand dieser Messreihen wurden Prognosen des Verschleißes und der Standzeit erstellt zur Optimierung der Instandhaltung.

Robot to Business (R2B)

Das Verbundprojekt R2B nutzte Ansätze aus der Robotik, um selbstorganisierende landwirtschaftliche Prozesse zu entwickeln. Die Leitung des Projektes hatte der Landmaschinenhersteller CLAAS. Auf Grund der nicht planbaren Einflüsse in der Landwirtschaft wurde an Systemen gearbeitet, die eine autonome Anpassung an die Bedürfnisse und Anwendungen des Nutzers ermöglichen.

Hierzu wurden die Prozesse analysiert und in modulare Bestandteile zerlegt. Diese können dann des Kontext entsprechend, neu strukturiert und vom System wieder zusammengeführt werden. Die Neukombination ermöglicht die Anpassung an die speziellen Bedürfnisse der Nutzer [79]. In der Abbildung 2.3 ist ein vereinfachtes Beispiel eines landwirtschaftlichen Arbeitsablaufes dargestellt und in Teilprozesse unterteilt. Die Teilprozesse werden dann für den jeweiligen Anwender neu strukturiert und zusammengefügt.

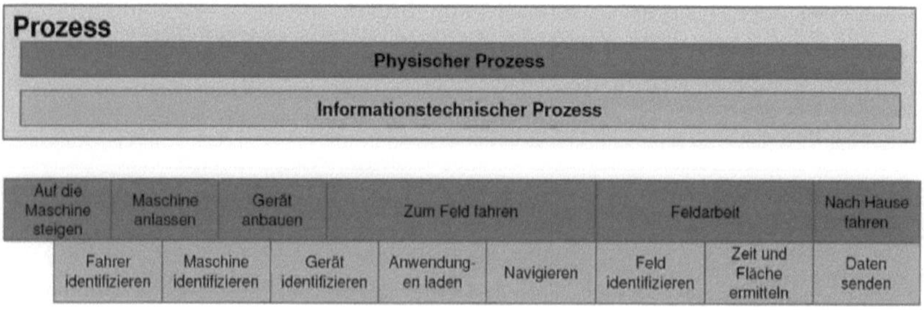

Abbildung 2.3: Prozessanalyse eines landwirtschaftlichen Arbeitsablaufes [101]

Am Beispiel der IT-Wartung und Service und der Grünfutterernte wurden die entwickelten Methoden auf dem Abschluss- Symposium des Projektes R2B demonstriert. Insbesondere wurde das Management Instance System (MAIS)

2.2 Überblick relevanter Forschungsprojekte

vorgestellt [100]. Mit dem MAIS hat der Landwirt oder Lohnunternehmer folgende Werkzeuge zur Verfügung:

- Automatische Übermittlung von konfigurierten Leistungen
- Verwaltung und Übermittlung von Schlag- und Hindernisinformationen
- Anzeige von abgeschlossenen Feldarbeiten
- Verbuchen und exportieren (ISOXML) von abgeschlossenen Arbeiten ins FMIS (Farm-Management-Informations-System)

Die Datenübertragung zwischen den Maschinen und dem zentralen Datenserver erfolgt über GSM/GPRS Netze. Weiterhin wurden auch Daten zwischen Maschinen ausgetauscht z. B. Hinderniswarnungen. Dies erfolgte über Wireless Local Area Network (WLAN).

KOMOBAR- Entscheidungsstrategien und Kommunikationsstrukturen für kooperierende mobile Arbeitsmaschinen in der Ernährungs- und Forstwirtschaft

Das Ziel des KOMOBAR Projektes ist es, Werkzeuge für logistische Netze der Land- und Forstwirtschaft zu entwickeln, die nicht nur den Transport der Güter betrachten sondern auch die Logistikkette bis zur Weiterverarbeitung der Güter. Um kleinen Mittelständischen Unternehmen spätere Entwicklungen zu ermöglichen, sollen die Schnittstellen offen gestaltet werden. Denn durch die meist herstellerspezifischen Lösungen ist dies noch nicht möglich. Hierfür sind neue Software und Datenstrukturen zu entwickeln. Mit dieser Software kann dann eine Rückverfolgbarkeit der Güter und des weiteren eine effizientere Logistik realisiert werden.

Selbstkonfigurierendes Kommunikationssystem für Baustellennetzwerke ESOB

Das Projekt ESOB der TU-Berlin basierte ebenfalls auf kompakten elektronischen Modulen, die zum Datenaustausch über Funk zwischen den Baumaschinen, Baucontainern und Anbaugeräten dienten. Mit Hilfe dieses Systems sollten Bauunternehmer und Maschinenverleiher immer über den Zustand und Verbleib ihrer Geräte informiert sein. Da teilweise nicht alle verlorenen Maschinen und Container gestohlen werden, sondern auf Großbaustellen vergessen werden. Weiterhin ist für die Planung und Kalkulation auch der aktuelle Zustand der Maschinen von großem Interesse.

2 Stand der Technik und der Forschung

Häufig ist durch bauliche Gegebenheiten die Empfangsqualität für GPRS- / GSM- und GPS- Signale nicht für alle Maschinen und Container gegeben. Diese Probleme entstehen bei Brücken, Tunnelbaustellen oder durch das übereinander Stapeln von Baucontainern. Somit musste eine Lösung gefunden werden, um den Austausch von Daten über ein lokales Funknetzwerk zu ermöglichen.

Das Funknetzwerk war, im Hinblick auf den Datenaustausch zwischen den Netzwerkteilnehmern und zum Leitstand, selbst konfigurierend. Für den Datenaustausch im Baustellennetzwerk wurde der Funkstandard ZigBee (siehe Kap. 5.1.4) verwendet, der das gesamte Routing zwischen den Netzwerkteilnehmern übernimmt. Der aktuelle Zustand aller Netzwerkteilnehmer wird über einen XML- Datensatz im Netzwerk ausgetauscht. Somit kann jeder Teilnehmer die Rolle des Baustellenservers übernehmen. Aufgabe des Baustellenservers ist es, die Daten per GPRS / GSM an den Leitstand zu übertragen [81]. Der Baustellenserver wurde nach folgenden Auswahlkriterien selbständig vom Netzwerk bestimmt:

1. Qualität des GPRS- / GSM- Signals

2. Qualität des ZigBee- Signals

3. Versorgungssicherheit Spannungsversorgung

4. keine mobile Arbeitsmaschine

5. Qualität des GPS- Signals

Die Kriterien wurden nach der Priorität aufgelistet. In der Abbildung 2.4 ist ein Baustellennetzwerk schematisch dargestellt. Hier ist zu erkennen, wie der autonome Auswahlprozess des Baustellenservers anhand der aufgeführten Kriterien erfolgt. Als Baustellen-Server wurde der Generator ausgewählt. Durch seine zentrale und stationäre Position erfüllt er alle Gesichtspunkte am besten und ist durch seine autonome Spannungsversorgung die beste Wahl.

Projekt iGreen

In dem Projekt iGreen sollen Systeme und universelle Schnittstellen für den Pflanzenbau entwickelt werden, die neue Technologien nutzen. Unter anderem Geodateninformationssysteme, GPS und das mobile Internet. Mit Hilfe dieser Technologien sollen schlagbezogene Beratungen auch für kleine und

2.2 Überblick relevanter Forschungsprojekte

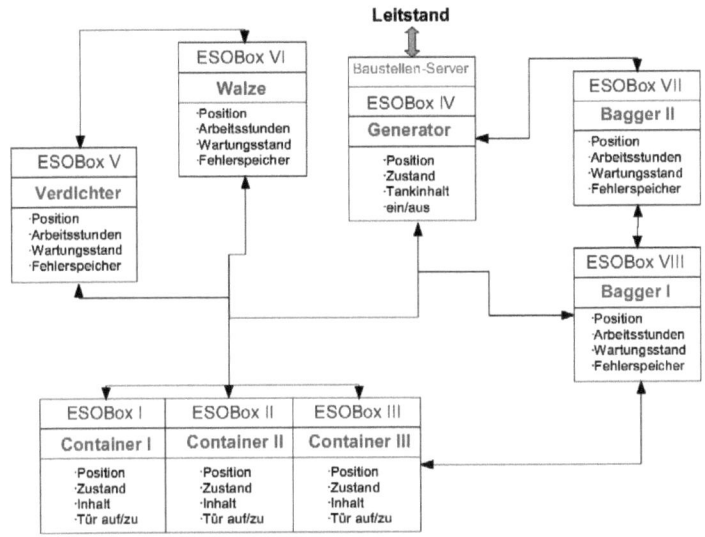

Abbildung 2.4: Schematische Darstellung eines Baustellennetzwerks [82]

mittelständische landwirtschaftliche Betriebe möglich sein, da als technische Voraussetzung lediglich ein Internetzugang vorhanden sein muss [98].

Hierfür werden spezielle Wissensmanagementsysteme konzipiert, die die Kommunikation zwischen allen Beteiligten ermöglichen und verbessern. Für die Entscheidungen im Pflanzenbau werden Informationen aus unterschiedlichen Quellen heran gezogen. Die Standortfaktoren und Bodenkarten liegen meist in öffentlichen Geo-Datenbanken vor. Weiterhin geht durch landwirtschaftliche Berater Expertenwissen über Pflanzenbau in die Entscheidungsfindung mit ein. Letztlich trifft der Landwirt diese Entscheidungen basierend auf seiner Erfahrungen und seinem Wissen [47]

Mit den entwickelten Beratungssystemen können aus automatisch erzeugten Ertragskarten Applikationskarten erzeugt und somit eine präzise und bedarfsgerechte Düngung ermöglicht werden. Außerdem sollen vorhandene Geodateninformationen mit den pflanzenbaulichen Expertenwissen verknüpft werden. Diese Informationen stehen dann dem Landwirt direkt an seinem Arbeitsplatz über das mobile Internet zur Verfügung. Ein langfristiges Ziel des iGreen Pro-

2 Stand der Technik und der Forschung

jektes ist es, eine direkte Abrechnung der erbrachten Leistungen und Flächen zu ermöglichen [89].

RFID- Transponder und Kapletten im Einsatz zur Rückverfolgung von Getreide

Zur Kennzeichnung und Rückverfolgung von Getreide wurden an der Universität Göttingen Radio Frequency Identification Technologie (RFID)- Transponder entwickelt, die der Größe und Dichte eines Getreidekorns angepasst sind. Diese Transponder werden während der Ernte dem Getreide zugeführt. Um die Entmischung des Schüttgutes und des Transponders zu verhindern, müssen die Transponder ähnliche Eigenschaften wie das Korn besitzen. Die Versuche ergaben, dass die Transponder mit der gleichen Dichte wie das Korn eine sehr geringe Entmischung aufwiesen [46].

Abbildung 2.5: Korndummies, RFID- Transponder und Winterweizen [46]

Im Department of Biological and Agricultural Engineering, Kansas State University wurden Kapletten entwickelt, die aus Hartweizengrieß bestehen und mit einem Barcode beschrieben werden. Die Größe und Dichte der Kapletten entspricht den Weizenkörnern. Die Kapletten müssen während des Überladevorgangs vom Mähdrescher auf den Traktor dem Getreide beigemischt werden [68]. Hierzu werden zusätzliche technische Vorrichtungen benötigt.

Eine weitere Problematik ist das Herausfiltern oder -sieben der Transponder und Kapletten. Um die RFID- Transponder wieder zu erkennen, muss ein sehr geringer Abstand von 1 cm eingehalten werden, da es sich um passive Bauelemente handelt. Der gesamte Gutstrom muss an den Sensoren in diesem geringen Abstand vorbeigeführt werden, welches zur Folge hat, dass nicht alle Transponder erkannt werden. Dies stellt bei den Kapletten kein Problem dar, da sie aus Hartweizengrieß bestehen; jedoch bei den RFID-Transpondern. Diese bestehen aus elektronischen Bauteilen, die in Epoxydharz gekapselt sind. Jedoch gestaltet sich das Auslesen der Kapletteninformationen äußerst schwierig, da dies visuell geschieht und dadurch der Gutstrom sehr dünn sein muss.

Außerdem ist mit solchen Kennzeichnungen nur der Anfangs- und Endpunkt der Produktions- und Transportkette dokumentiert. Ein System, welches den gesamten Weg und alle beteiligten Prozesspartner dokumentiert, ist für eine lückenlose Rückverfolgbarkeit sinnvoller.

In die Entwicklung des Dokumentationssystems wurden nicht nur die beschriebenen Ergebnisse aus der aktuellen Forschung einbezogen, sondern wie im nächsten Kapitel beschrieben, auch die Anforderungen aus der Praxis.

2.3 Befragung von Landwirten

Um auf die Anforderungen und Bedürfnisse an ein autonomes Dokumentationssystem der Landwirte einzugehen, wurden im Jahr 2007 10 Betriebe befragt. Hierzu wurde ein Fragebogen erstellt, den die untersuchten Landwirte ausfüllten. Dieser wurde ausgewertet und um ein genaues Bild zu erlangen, wurden die Landwirte zusätzlich noch interviewt. Ziel war es, die Anforderungen an ein möglichst praxisnahes System zu ermitteln. Jedoch konnte mit der geringen Anzahl der Betriebe nur ein Teil der Anforderungen erfasst werden.

Die Betriebe wurden nach vier Gesichtspunkten ausgewählt:

- Geographische Lage

- Größe des Betriebes

- Durchschnittliche Größe der Schläge

- Alter des Betriebsleiters

2.3.1 Fragebogen und Auswertung

Zur Erfassung der Betriebsstruktur, der Erntedokumentation und der Betriebsabläufe wurde der Fragebogen, wie im Anhang A enthalten, untergliedert.

In der Erstellung des Fragebogens wurde in erster Linie darauf geachtet, welcher Mehrwert durch ein autonomes Dokumentationssystem für den Landwirt

2 Stand der Technik und der Forschung

in Deutschland erreicht werden kann. Eine elektronische Dokumentation hängt oft nicht von der Größe des Betriebes ab, sondern vom Alter des Betriebsleiters. Junge Betriebsleiter nutzen die in ihrem Studium oder Ausbildung vermittelten Kenntnisse auch in der Praxis. Hier werden oft die von den Herstellern angebotenen Dokumentationssysteme, die in Kapitel 2.1 vorgestellt wurden, eingesetzt. Ältere Betriebsleiter dokumentieren teilweise die Ernte noch in Papierform und übertragen die Daten in den Wintermonaten in ihre elektronische Schlagkartei. Dieses Vorgehen ist sehr zeitaufwändig und fehleranfällig.

Die Unterschiede der Ernteketten auf den befragten Betrieben hängen von mehreren Faktoren ab: Schlaggröße, Entfernung zwischen dem Schlag und dem Lager, Anzahl der zur Verfügung stehenden Mitarbeiter und Maschinen sowie den geografischen Bedingungen. Auf Schlägen mit sehr großen Steigungen z. B. in den Mittelgebirgen, ist ein Abtanken des Getreides während der Fahrt nicht möglich. Da die Traktoren nicht die Leistung und Traktion besitzen, um die Lasten zu ziehen, muss somit am Feldrand abgetankt werden. Hier könnte aber mit einer genauen Dokumentation der Abtank-, Stand- und Arbeitszeiten der Mähdrescher eine Analyse durchgeführt werden und für den jeweiligen Betrieb eine optimale Lösung gefunden werden.

In den kleineren und mittleren deutschen Betrieben mit einer Getreideanbaufläche, die kleiner als 300 ha ist, werden die Druscharbeiten teilweise von Lohnunternehmern oder mit eigenen älteren Mähdreschern durchgeführt. Da in den neuen Bundesländern die Betriebe im Durchschnitt größere Flächen bewirtschaften, besitzen die Betriebe eigene Mähdrescher.

Durch die Befragung wurde sehr deutlich, dass ein Ausfall eines Mähdreschers in der Erntesaison hohe Kosten verursacht. Deshalb stimmten alle Befragten zu, dass der Servicetechniker Zugriff auf die Maschinendaten haben muss. Dies muss natürlich in Absprache geschehen, und es müssen die Befürchtung eines Verlustes des Garantieanspruchs berücksichtigt werden, um eine Akzeptanz zu erreichen. Weiterhin würden alle bis zu 1000 € in eine prophylaktische Reparatur investieren, obwohl das Bauteil noch nicht ausgefallen ist. Somit wäre eine genaue Maschinenzustandsüberwachung, wie sie in [45] vorgestellt wurde, von den Landwirten erwünscht.

In der Frage 6 sollten die Landwirte die Mähdrescherdaten nennen, die von großem Interesse sind. Für sehr wichtig erachtet wurden Maschinenauslastung, Ertrag pro Stunde, Kraftstoffverbrauch und die Feuchtigkeit des Erntegutes. Sehr deutlich wurde, dass die reine Datenaufzeichnung dem Landwirt nicht

2.4 Transport-, Umschlags- und Lagerszenarien in der Getreideernte

von Nutzen ist, sondern es müssen Analysewerkzeuge entwickelt werden, die ihn in seiner Entscheidungsfindung unterstützen.

2.4 Transport-, Umschlags- und Lagerszenarien in der Getreideernte

Wie in der Auswertung der Fragebögen angedeutet, sind die Ernteketten sehr unterschiedlich aufgebaut. Jedoch können sie in vier Prozessgruppen aufgeteilt werden. In Abbildung 2.6 sind diese dargestellt. Beginnend mit der Erntemaschine über den Feld- und Straßentransport bis hin zur Lagerung im Silo.

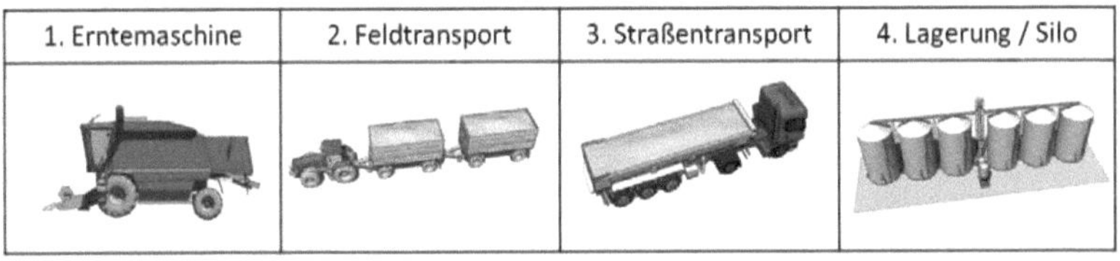

1. Erntemaschine	2. Feldtransport	3. Straßentransport	4. Lagerung / Silo

Abbildung 2.6: Schematische Darstellung der Erntekettenstruktur

Am Anfang jeder Getreideerntekette steht der Mähdrescher. Die Anzahl der Mähdrescher pro Schlag hängt meist von der Verfügbarkeit ab. Die Ernteleistung eines Mähdreschers reicht von 90 bis 1600 ha im Jahr. Die durchschnittliche Flächenleistung liegt bei ca. 600 ha [21]. Somit hängt die Anzahl der benötigten Mähdrescher eines Betriebes von der gesamten Druschfläche ab [58]. Der nächste Schritt ist der Überladevorgang vom Mähdrescher auf ein Transportfahrzeug. Es gibt zwei Varianten des Überladevorgangs: während der Mähdreschers parallel erntet oder im Stillstand am Feldrand auf einen stehenden Wagen. Der Vorteil des Abtankens während des Mähens liegt darin, dass der Mähdrescher weiter arbeiten kann und somit eine bis 10 % höhere Auslastung erreicht wird [41]. Diese Optimierung des Prozesses kann man aus der Prozesszeitanalyse der Firma CLAAS in Abbildung 2.7 ableiten. Mit Hilfe eines autonomen Dokumentationssystems können Prozesszeitanalysen durchgeführt werden und Optimierungspotenziale erkannt werden.

Die Varianz der Überladefahrzeuge reicht von Traktoren mit ein oder zwei Anhängern bis zum LKW am Feldrand. Zum Transport von Schüttgut werden meist Kippanhänger verwendet. Es gibt zwei Ausführungen von Kippanhängern: den Gelenkdeichsel- und den Starrdeichselanhänger. Die Starrdeichsel-

2 Stand der Technik und der Forschung

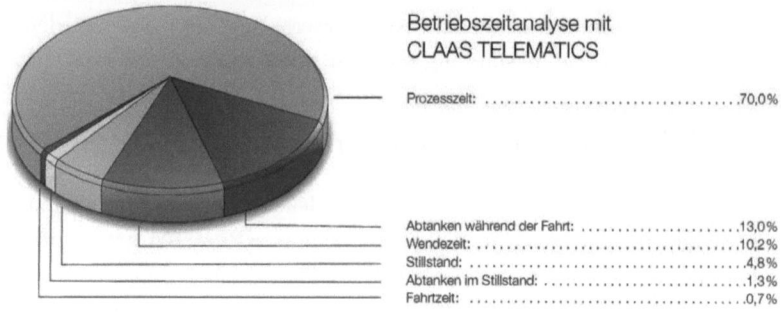

Abbildung 2.7: Betriebszeitanalyse mit CLAAS Telematics [52]

anhänger werden vorwiegend als Heckkipper und die Gelenkdeichselanhänger als Zweiseitenkipper genutzt. Werden Heckkipper verwendet, kann nur ein Anhänger zum Transport des Getreides verwendet werden. In der Abbildung 2.8 sind die beiden Ausführungen dargestellt. Wichtig ist, dass eine zulässige Gesamtmasse des Transportzuges nach §34 StVZO von 40 t nicht überschritten wird [48].

(a) Starrdeichselanhänger (b) Gelenkdeichselanhänger

Abbildung 2.8: Kippanhänger

Teilweise werden auch spezielle Überladewagen verwendet. Diese haben ebenfalls ein Überladerohr und können somit am Feldrand auf Transportfahrzeuge, die aufgrund des höheren Reifendrucks besser für die Straße geeignet sind, das Getreide überladen. Die Straßentransportfahrzeuge können LKW oder auch schnelle Traktoren sein. In topografisch besonders schwieri-

2.4 Transport-, Umschlags- und Lagerszenarien in der Getreideernte

gen Gebieten wie den Mittelgebirgen machen Überladewagen Sinn. Weiterhin werden sie auch eingesetzt, wenn das Getreide über weite Strecken transportiert werden muss, oder Engpässe bei Transportfahrzeugen herrschen und eine Spedition mit dem Transport beauftragt wird. In jedem Fall befindet sich auf dem Transportfahrzeug zum Hof zwar Getreide von einem Schlag aber von unterschiedlichen Mähdreschern. Außer es wird nur ein Mähdrescher zur Ernte eingesetzt [91].

Der nächste Schritt in der Erntekette ist die Lagerung. Bei kleineren und mittleren Betrieben wird das Getreide direkt an die Mühle oder den Landhandel geliefert und verkauft. Große Betriebe haben oft eigene Lager, um nach der Ernte höhere Preise zu erzielen. In jedem Fall wird das Getreide gewogen und Schlag, Landwirt, Menge sowie je nach Getreideart Feuchte, Eiweißgehalt, Mutterkornanteil usw. dokumentiert.

In Deutschland gibt es zwei Arten von Lager: Siloanlagen und Flachlager. Die Siloanlagen werden meist in den alten Bundesländern eingesetzt und haben Vorteile bei der Flächenausnutzung, Trennung der Partien und der vollständigen Automatisierung. Flachlager werden dagegen meist in den neuen Bundesländern eingesetzt und besitzen eine hohe Flexibilität. Die Flachlager sind Hallen, die auch für Maschinen- und Düngerlagerung verwendet werden können. Untersuchungen haben gezeigt, dass durch die hohe Flexibilität und geringe Kosten immer mehr Flachlager gebaut werden [49].

Eine neue Lagerform für Getreide ist der Folienschlauch, hierzu wird mit Hilfe einer Einlagerungsmaschine ein Plastikschlauch befüllt. Die Einlagerungsmaschine ist genauso wie die Auslagerungsmaschine als Anbaugerät für einen Traktor ausgeführt. Die Schläuche haben einen Durchmesser von 2,7 m und eine Länge von 61 m und 75 m. Laut Herstellerangaben können ca. 200 t Getreide mit einem Schlauch eingelagert werden. Als Lagerfläche wird eine Wiese oder fester Betonboden empfohlen. Dies ist eine sehr kostengünstige und flexible Lagerform [90].

Kapitel 3
Rechtliche Rahmenbedingungen

In diesem Kapitel wird auf die rechtlichen Rahmenbedingungen eines autonomen landwirtschaftlichen Dokumentationssystems eingegangen. Es werden zwei Aspekte betrachtet:

- die einzuhaltenden Vorschriften des Gesetzgebers im Bereich der Dokumentation von Ernteprozessen und

- die autonome Datenerfassung von Maschinen-, Prozess- und Mitarbeiterdaten.

3.1 Produkthaftungsgesetz

Wird durch den Fehler eines Produkts jemand getötet, sein Körper oder seine Gesundheit verletzt oder eine Sache beschädigt, so ist der Hersteller des Produkts verpflichtet, dem Geschädigten den daraus entstehenden Schaden zu ersetzen (§ 1 Abs. 1 Satz Produkthaftungsgesetz (ProdHaftG)).

Grundsätzlich schützt das ProdHaftG den Produktverwender unabhängig vom Verschulden des Herstellers vor Schäden, die ihm durch Konstruktions-, Fabrikations- und Instruktionsfehler entstehen. Seit dem 01.12.2000 gilt die Produkthaftung auch für Lebensmittel [25]. Die Haftung für Schäden durch landwirtschaftliche Produkte ist jedoch auf Fabrikationsfehler beschränkt [85].

Der landwirtschaftliche Unternehmer muss sich - soweit der Produktverwender Fehler, Schaden und Ursachenzusammenhang bewiesen hat - darle-

3 Rechtliche Rahmenbedingungen

gen, dass der Fehler unvermeidlich war (Entlastungsbeweis, §1 Abs. 4 ProdHaftG). Auch wenn das ProdHaftG eine Dokumentation des Herstellungsprozesses nicht ausdrücklich fordert, ist es zur Vermeidung der Beweislastumkehr nach Inanspruchnahme eines Geschädigten erforderlich, den Herstellungsprozess umfassend zu dokumentieren.

Aufgrund der durch Artikel 18 der EU-Verordnung Nr. 178/2002 - sog. Basisverordnung - für alle Mitgliedstaaten der Europäischen Union (EU) verbindlichen Verpflichtung Lebensmittel rückverfolgbar zu machen, besteht nunmehr eine ausdrückliche gesetzliche Dokumentationspflicht[1].

Die Basisverordnung enthält - ebenso wie die zwischenzeitlich ergangenen EU-Verordnungen und das im Anschluss daran ergangene innerstaatliche Recht - allerdings keine Vorgaben, wie die Dokumentation zu erfolgen hat und was sie enthalten muss. Der Bundesgesetzgeber hat bislang ebenfalls keine gesetzliche Regelung geschaffen. § 37 Abs. 2 Nr. 6 LFGB ermächtigt zwar zu entsprechenden Regelungen durch eine Verordnung. Diese enthält jedoch bislang keine näheren Regelungen zur Dokumentation.

Die Bestimmungen der Basisverordnung wurden im Jahre 2004 durch vier weitere Verordnungen ergänzt. Zwei dieser Verordnungen enthalten Hygienevorschriften[2]. Zwei weitere Verordnungen legen Regeln für die allgemeine Durchführung der amtlichen Kontrollen fest[3].

Die Verordnung (EG) Nr. 1830/2003, die seit Mitte April 2004 in allen EU-Mitgliedstaaten gültig ist, fordert die Sicherstellung der Rückverfolgbarkeit von genetisch veränderten Organismen (GVO) entlang der gesamten Lieferkette im Lebensmittelsektor. Dabei geht es um die ordnungsgemäße Kennzeichnung der Produkte, die Überwachung der Auswirkungen auf Umwelt und Gesundheit sowie die Umsetzung der geeigneten Risikomanagementmaßnahmen bis zum Rückruf von Produkten [13].

Eine lückenlose Dokumentation der Erzeugung kann der Landwirt nur mit sehr hohem personellem Aufwand oder einer EDV gestützten Dokumentati-

---

[1] In deutsches Recht umgesetzt durch das Lebensmittel-, Bedarfsgegenstände- und Futtermittelgesetzbuch (LFGB), gültig seit 07.09.2005, neugefasst durch Bekanntmachung vom 22.8.2011 (BGBl. I S. 1770) und die hierzu zahlreich ergangenen Verordnungen

[2] Verordnung (EG) Nr. 852/2004 über die allgemeine Lebensmittelhygiene und Verordnung (EG) Nr. 853/2004 mit spezifischen Hygienevorschriften für Lebensmittel tierischen Ursprungs

[3] Verordnung (EG) Nr. 882/2004) bzw. besondere Verfahrensvorschriften für die amtliche Überwachung von Erzeugnissen tierischen Ursprungs (Verordnung (EG) Nr.854/2004)

on erreichen. Wichtig ist, dass die Unterlagen archiviert und im Falle elektronischer Dokumentation auch elektronisch mit Hilfe eines Back-Up-Systems gesichert werden [85].

3.2 Cross Compliance

Die EU subventioniert die Landwirtschaft über Direktzahlungen. Diese sind in der Direktzahlungs-Verpflichtungsordnung (EG) Nr. 1698/2005 geregelt. An diese Direktzahlungen sind die Einhaltung von Vorschriften in den Bereichen Umwelt, Lebens- und Futtermittelsicherheit sowie Tiergesundheit und Tierschutz geknüpft. Diese Vorschriften werden als Cross Compliance (CC) bezeichnet [92].

Die CC umfasst folgende Regelungen:

- Erhaltung der landwirtschaftlichen Flächen in gutem landwirtschaftlichem und ökologischen Zustand

- Erhaltung von Dauergrünland

- Verbraucherschutz, Hygiene sowie Rückverfolgbarkeit von Lebens- und Futtermitteln

Bei der Erhaltung landwirtschaftlicher Flächen in gutem landwirtschaftlichen und ökologischem Zustand wird besonders auf die Vermeidung von Bodenerosion, Erhaltung der organischen Substanz im Boden, den Schutz der Bodenstruktur und der Landschaftselemente geachtet. Zur Erosionsvermeidung müssen mindestens 40 % der Ackerfläche vom 1. Dezember bis 15. Februar mit Pflanzen bewachsen sein oder auf der Oberfläche verbleibenden Pflanzenresten bedeckt sein. Die Erhaltung der organischen Substanz im Boden und der Schutz der Bodenstruktur wird dadurch erreicht, dass jeder Betrieb dazu verpflichtet ist, mindestens drei Kulturen anzubauen und jede Kultur muss mindestens 15 % der Gesamtfläche umfassen. Wird dies nicht eingehalten, muss der Landwirt eine Humusbilanz erstellen. Er darf den Wert von -°75 kg Humus-C/ha nicht unterschreiten. Verstößt der Landwirt dagegen, muss er eine Bodenhumusuntersuchung durchführen. Zu Landschaftselementen gehören Hecken, Baumreihen, Feldgehölze, Feuchtgebiete und Einzelbäume. Durch Landschaftselemente wird maßgeblich die Artenvielfalt auf den Agrarflächen erhöht.

3 Rechtliche Rahmenbedingungen

Um eine Verödung durch Monokulturen zu vermeiden, wurde die Verordnung (EG) des Rates Nr. 1782/2003 zur Dauergrünlanderhaltung erlassen. Durch die starke Subventionierung der erneuerbaren Energien insbesondere der Biogasherstellung steigt die Anbaufläche von Energiepflanzen wie Mais und Hirse. Die Einhaltung der Verordnung wird in Deutschland auf Länderebene geregelt. Ist die Fläche des Dauergrünlandes um weniger als 5 % gegenüber dem Vorjahr geschrumpft, wurden die Vorgaben der Verordnung eingehalten.

Hat sich dagegen die Fläche um mehr als 5 % verringert, erlässt das jeweilige Bundesland eine Verordnung, die jeden Umbruch von Dauergrünland einer vorherigen Genehmigung unterwirft. Ab einer Verringerung der Fläche von mehr als 8 % kann das Land den Landwirt dazu verpflichten, dass umgebrochene Dauergrünland wieder einzusäen. Ist die Verringerung größer als 10 % muss die umgebrochene Fläche wieder eingesät werden.

Zur Realisierung der erläuterten Regelungen, der Hygiene und der Rückverfolgbarkeit von Lebens- und Futtermitteln wurden Verordnungen über Grundanforderungen an die Betriebsführung erlassen [92]. Diese Regelungen beinhalten:

1. Vogelschutz- und FFH-Richtlinie
2. Grundwasserrichtlinie
3. Klärschlammrichtlinie
4. Nitratrichtlinie
5. Tierkennzeichnung und -registrierung
6. Pflanzenschutzrichtlinie
7. Lebensmittel- und Futtermittelsicherheit
8. Richtlinie über das Verbot der Verwendung bestimmter Stoffe in der tierischen Erzeugung
9. Verfütterungsverbot
10. Tierseuchen
11. Tierschutz

Seit Inkrafttreten der EU Basisverordnung Nr. 178/2002 gilt Getreide ab dem Zeitpunkt der Ernte als Lebensmittel und muss dementsprechend behandelt werden [93]. Deshalb wird in den folgenden Kapiteln besonders auf die Lebensmittel- und Futtermittelsicherheit eingegangen werden. Diese beinhalten die Rückverfolgbarkeit von Getreide und die Hygienevorschriften [92].

3.2.1 Lebensmittelhygiene

Die allgemeinen Hygienevorschriften für die Beförderung, Lagerung und Behandlung von Primärprodukten, sowie die Beförderung vom Erzeugungsort an einen Betrieb, ist in der EU-Verordnung 852/2004 und in der Lebensmittelhygieneverordnung geregelt [17]. In den Verordnungen wird von „sicheren Lebensmitteln" gesprochen, d. h. alle Lebensmittel, die nicht gesundheitsschädlich sind, gelten als sicher. Beachtet der Landwirt die Hygienegrundsätze und arbeitet er nach guter fachlicher Praxis, produziert er im Allgemeinen sichere Lebensmittel. Diese gute fachliche Praxis muss er durch eine Risikoanalyse und Risikobewertung aller betrieblichen Abläufe im Umgang mit dem Getreide kontrollieren. Es muss nicht nur das Getreide betrachtet werden sondern alle Betriebsmittel, Transportvorrichtungen und Lagerräume durch die das Getreide kontaminiert werden könnte [39].

Eine Kontamination des Getreides kann durch sensorische Indikatoren wie z. B. Geruch, Farbe oder unerwünschte Beimengungen festgestellt werden. Die Gefahren können physikalischer, chemischer oder biologischer Natur sein und für diese Gefährdungen muss eine Risikobewertung durchgeführt werden. Anhand der Risikobewertung können Gegenmaßnahmen eingeleitet und somit das Risiko stark minimiert werden.

Für die Risikobewertung der Getreideproduktion müssen die Ernte, das Transportmittel sowie vor und während der Lagerung betrachtet werden. Mögliche Maßnahmen um die Verunreinigung des Getreides zu verringern sind z. B. eine optimale Einstellungen des Mähdreschers. Ferner sollten nach jedem Erntetag alle Aggregate zur Reinigung bei maximalem Gebläse im Leerlauf betrieben werden und die Maschine mit Druckluft gereinigt werden. Die Transportmittel sollten je nach vorheriger Verwendung mit geeigneten Mitteln gesäubert werden. Bei Regen und langen Transportwegen sind unbedingt Abdeckplanen zu verwenden. Vor der Lagerung sollten alle Restgetreidebestände und Fremdstoffe entfernt werden. Die Lagerstätte muss für Lebensmittella-

3 Rechtliche Rahmenbedingungen

gerung geeignet sein z. B. durch Schutzvorrichtungen gegen Nager. Während der Lagerung sind auf die Feuchtigkeit, Temperatur und Schädlingsbefall zu achten und gegebenenfalls Maßnahmen zu ergreifen [40].

3.2.2 Dokumentation und Rückverfolgbarkeit

Landwirte sind dazu verpflichtet, den Warenein- und Ausgang von Lebens- und Futtermittel zu dokumentieren. Der Gesetzgeber schreibt nicht vor wie diese Dokumentation durchgeführt werden muss oder in welcher Art. Es muss lediglich sichergestellt werden, dass die Behörden schnell Informationen zu den jeweiligen Lieferanten oder Abnehmer erhalten. Die Dokumentation muss Namen und Anschrift der Marktpartner sowie Produktart und -menge enthalten [92].

In Lieferverträgen zwischen Landwirten und dem Getreidehandel können zusätzliche Nachweise gefordert werden. Hierzu gehört das Erstellen und Einlagern von Rückstellmustern jeder Getreidelieferung.

Für die Erzeugung von Lebensmitteln gilt, dass alle verwendeten Pflanzenschutzmittel und Biozide dokumentiert werden müssen. Dies muss z.Zt. noch nicht schlagbezogen durchgeführt werden, sondern lediglich über die Lieferscheine und Rechnungen der jeweiligen Mittel [92].

3.3 Emissionshandel und Klimaschutz in der Landwirtschaft

In der aktuellen Klimapolitik der EU wird die Landwirtschaft nicht betrachtet. Um aber die Klimaschutzziele der G8 Staaten bis 2050 zu erreichen, muss auch hier ein Wandel geschehen. Die Landwirtschaft in Deutschland erzeugt ca. 8% der schädlichen Klimagase. Zu den schädlichen Klimagasen zählt nicht nur Kohlendioxid (CO_2) sondern auch Methan (CH_4) und Lachgas (N_2O). Durch Düngung und Bodenbearbeitung werden 45-55% der Gesamtemissionen in Deutschland an Lachgas erzeugt [109].

Um eine Emissionsreduktion der Klimagase zu erreichen, sind unterschiedliche Ansätze denkbar, über Einsparungen von Düngemitteln, die Erhöhung der Produktivität und den Emissionshandel. Für alle Ansätze wird ein autonomes Dokumentationssystem benötigt.

Eine Einsparung von Düngemitteln wird mit Hilfe des Precision Farmings erreicht. Bei der sogenannten Präzisionslandwirtschaft wird u. a. der Dünger den Ertragskarten und Bodenverhältnissen angepasst. Da die Bodenverhältnisse und Erträge auf einem Schlag sehr stark schwanken können, wird der Dünger positionsgestützt ausgebracht. Genauer gesagt wird auf Flächen mit guten Erträgen der von der Pflanze benötigte Düngemittel ausgebracht und auf Flächen mit stets geringen Erträgen wird weniger Düngemittel ausgebracht.

Ein großes Potential an Emissionseinsparungen birgt die Prozessoptimierung einzelner Maschinen sowie Maschinengruppen. Hier können durch optimale Maschineneinstellungen wie z. B. der Motordrehzahl der Kraftstoffverbrauch verringert werden. Das DYNAMIC POWER System der Firma CLAAS passt die Motorleistung dem momentan benötigten Bedarf an und spart durch die geringere Motordrehzahl Kraftstoff ein [12]. Weiterhin kann durch eine Optimierung der Logistik Energie eingespart werden. Hierzu gehören u. a. Verringerung der Fahrwege, eine optimale Ausnutzung der Schnittbreite des Schneidwerks und eine an die Bedürfnisse des jeweiligen Landwirts angepasste Maschinengröße.

Durch den Emissionshandel würden nicht direkt Klimagase eingespart werden. Vielmehr stellt dies ein effektives Werkzeug der Politik dar, um eine Verringerung der Klimagase zu erreichen. Um den Handel mit CO_2-Zertifikaten in Deutschland zu ermöglichen, muss die Bundesregierung eine Obergrenze für die gesamten Emissionsrechte der Landwirtschaft festlegen. Dieser rechtlich festgelegte maximale Ausstoß an Treibhausgasen muss geringer als der aktuelle sein. Hierdurch wird erreicht, dass eine Knappheit an CO_2-Zertifikaten entsteht, dann wird der Landwirt entscheiden, ob er Emissionen einspart oder aber CO_2-Zertifikate einkauft [103].

3.4 Bundesdatenschutzgesetz und Betriebsverfassungsgesetz

Mit einem Dokumentationssystem wie in Kapitel 2.1.2 beschrieben, werden ernterelevante Maschinendaten über den CAN-Bus aufgezeichnet. Zu den Maschinendaten gehören nicht nur der Ertrag sondern auch Einsatzzeiten, Kraftstoffverbrauch und Stillstandszeiten. Durch diese Daten ist eine maschinengestützte Leistungserfassung der Mitarbeiter ohne weiteres möglich. Spätestens mit Verknüpfung der Produkt- und Leistungsdaten mit den Daten der Mitarbeiter handelt es sich um personenbezogene Daten. Eine Verknüpfung von Leistungs- und Personendaten erfolgt bereits dann, wenn die Aufzeichnungen Datum- und Zeitstempel enthalten.

3 Rechtliche Rahmenbedingungen

Dies eröffnet die Anwendung des Bundesdatenschutzgesetzes (BDSG) - sofern ein Betriebsrat vorhanden- und auch des Betriebsverfassungsgesetzes (BetrVG).

Das BDSG hat für Daten zahlreiche Vorgaben, wie beispielsweise Zugangsbeschränkung und -sicherung mittels doppeltem Passwort, Übermittlungs- und Veränderungsdokumentation, Protokollierungs- und Aufbewahrungspflichten, eventuell auch Notwendigkeit eines nebenamtlichen Datenschutzbeauftragten. Es wird nötig sein, den Mitarbeiter bereits bei der Einstellung darauf hinzuweisen, dass und welche Daten über ihn erhoben werden. Er hat das Recht, diese Daten einzusehen § 34 BDSG [9].

Nach dem BetrVG fällt die Einführung eines solchen Systems unter das Mitbestimmungsrecht des Betriebsrates, da die Maschine eine Zeiterfassung (Beginn und Ende Arbeitszeit, Pausen usw.) liefert. Überdies empfiehlt sich hier- auch ohne Betriebsrat- sicher eine offene Informationspolitik gegenüber den Mitarbeitern. Dies könnte sogar motivationsfördernd sein, denn ein effektiv arbeitender landwirtschaftlicher Betrieb ist immer wirtschaftlich gut aufgestellt und bietet dadurch sichere Arbeitsplätze.

Ein weiterer wichtiger Aspekt ist der Zugriff auf die erhobenen Daten. Hier gibt es unterschiedliche Interessenkonflikte. Der erste besteht zwischen dem Maschinenbesitzer und dem Maschinenhersteller im Falle eines Garantieanspruchs. Eine verdeckte Aufzeichnung von Maschinendaten während der laufenden Benutzung durch Hersteller oder Leasinggeber ist unzulässig. Jedoch ist eine Aufzeichnung der Daten zur Feststellung der Ursachen von Fehlfunktionen sinnvoll. Dies ist für den Kunden und den Hersteller von Vorteil. Die offene Aufzeichnung ist nicht völlig unproblematisch, weil der Zweck der Datenerhebung nicht definiert ist. In der Hand von Käufer oder Nutzer befindliche, von diesem erhobene Daten können aufgrund des Betriebs- und Geschäftsgeheimnisses im Gewährleistungsfall nicht ohne Weiteres vom Hersteller heraus verlangt werden [9]. Da hier die Rechtslage nicht eindeutig ist und durchaus legitime Interessen die Datenspeicherung rechtfertigen können, sind hier detaillierte vertragliche Vereinbarungen sinnvoll.

Der zweite Konflikt besteht zwischen dem Landwirt und dem Lohnunternehmer. Denn im Falle des Lohndruschs gehören die maschinenrelevanten Daten dem Lohnunternehmer und die Ernte- und Ertragsdaten dem Landwirt. Dieser Konflikt könnte sich im Falle eines Verkaufs des Getreides fortsetzen, weil die Mühle, der Landhandel und ggf. auch der Konsument an der Einsichtnahme

3.4 Bundesdatenschutzgesetz und Betriebsverfassungsgesetz

interessiert sein kann.

Um eine autonome Dokumentation für Cross Compliance zu ermöglichen, muss sichergestellt werden, dass der Landwirt die Daten nicht manipulieren kann. Somit entsteht ein weiterer Zugriff und zwar durch die Kontrollorgane, die einen Einblick in die Daten des Landwirts erhalten müssen.

Die Lösung für dieses Problem ist ein unterschiedliches Zugriffsrecht auf die erhobenen Daten. In der Tabelle 3.1 sind die unterschiedlichen Zugriffsrechte am Beispiel der Benutzer Landwirt Maschinenbesitzer/Lohnunternehmer und Mühle/Landhandel aufgeführt.

Tabelle 3.1: Datenzugriffsrechte der unterschiedlichen Benutzer

Informationen	Landwirt	Maschinenbesitzer Lohnunternehmer	Mühle Landhandel
Ertragskarten	ja	nein	nein
Düngemittel	ja	nein	ja
Biozide	ja	nein	ja
Kraftstoffverb.	nein	ja	nein
Fehlerspeicher	nein	ja	nein
Schläge	ja	ja	ja
Maschinenlast	nein	ja	nein
Betriebsstunden	nein	ja	nein
Lastzyklen	nein	ja	nein
Fahrer	nein	ja	nein
Einsatzzeiten	ja	ja	nein
Überladene Menge	nein	ja	nein
Position	ja	ja	ja
Getreidesorte	ja	ja	ja
Qualität	ja	nein	ja

Auf den zentralen Datenservern werden alle Maschinendaten gespeichert und in einer Datenbank abgelegt. Den Zugriff erhalten die einzelnen Benutzer über einen gesicherten Internetzugang. Der Administrator muss dann den Benutzergruppen Rollen zuweisen. Somit hat der Landwirt und gleichzeitig Maschinenbesitzer Zugriff auf alle Daten. Dem Mitarbeiter kann ebenfalls Lesezugriff auf seine Daten gewährt werden, dies dient zur Kontrolle. Er kann nur die

3 Rechtliche Rahmenbedingungen

Mitteilung der gespeicherten Daten verlangen, aber kein Online-Lesezugriff. Alle weiteren Benutzerzugänge müssen zwischen dem Maschinenbesitzer und dem Landwirt vertraglich geregelt werden. Eine Ausnahme besteht im Falle der Kontrollorgane, hier muss dies gesetzlich geregelt werden.

Kapitel 4
Problemstellung und Lösungsansatz

Die beiden Kapitel 2 und 3 zeigten sehr deutlich, dass die Anforderungen des Gesetzgebers und der Konsumenten an die moderne Landwirtschaft enorm gestiegen sind. Hier ist insbesondere eine Rückverfolgbarkeit von Lebensmitteln und die detaillierte Dokumentation der Prozesse zu realisieren, um sichere und gesunde Lebensmittel für die Verbraucher zu garantieren.

In den letzten Jahren wird immer deutlicher, dass Getreide auch sehr starken Preisschwankungen des Marktes unterliegt. Wenn man in der Landwirtschaft aufgrund neuer Technologien in der Lage wäre, die genauen Kosten der Getreideproduktion zeitnah zu bestimmen, würde dies ein sehr großer Marktvorteil sein.

Die Ermittlung der Produktionskosten ist lediglich der Ausgangsschritt. Ein Wettbewerbsvorteil lässt sich nur mit der Senkung von Produktionskosten (bei gleichbleibender Qualität) erreichen. Mit Analyse- und Simulationswerkzeugen werden in der Industrie seit langem Prozess- und Maschinenoptimierungen vorgenommen. Die Ansätze aus der Industrie können nur in sehr geringem Maße übernommen werden. In der Landwirtschaft herrschen andere Rahmenbedingungen mit zum Teil nicht kalkulierbaren Einflüssen, insbesondere durch Umweltbedingungen.

Aus diesen Bedürfnissen der Landwirte und den Anforderungen an die Getreideproduktion entstand die Idee eines Landwirtschaftlichen Selbstkonfigurierenden Kommunikationssystems (LaSeKo). In dem Projekt LaSeKo wurde ein System entwickelt, das autonom die Daten vom Mähdrescher zu einem Datenserver übermittelt. Der Datenserver speichert und verarbeitet die

4 Problemstellung und Lösungsansatz

Maschinendaten. Hierfür mussten neue Kommunikationsstrukturen entwickelt werden. Denn an den Einsatzorten mobiler Arbeitsmaschinen ist selten ein Breitbandanschluss noch flächendeckendes Mobilfunknetz vorhanden. Bestehende Technologien können somit nicht ohne Modifikationen übernommen werden [73].

Ein weiterer wichtiger Punkt sind die Kosten eines solchen Systems. Werden Mobilfunknetze für die Datenübertragung genutzt, ist dies immer mit Providergebühren verbunden. Diese sind mit ca. 5-10 € pro Monat (nach [27]) bei isolierter Betrachtung nicht sehr hoch. Da allerdings jede Maschine diese Kosten hervorruft, ist die Summe dieser Kosten keineswegs zu vernachlässigen. Weiterhin sind die Hardwarekosten für eine Mobilfunkschnittstelle wesentlich höher als die Hardwarekosten eines Nahbereichsfunkchips.

Um den Weg von Nahrungsmitteln bis zum Feld zurückzuverfolgen, muss jeder Über- oder Umladevorgang quittiert werden. Dies kann aber nur durch ein Handshake zwischen den Maschinen geschehen. In Abbildung 4.1a ist der Überladevorgang auf dem Schlag zwischen einem Mähdrescher und einem Überladefahrzeug zu sehen. Es muss genau dokumentiert werden, von welchem Mähdrescher auf welchen Traktor überladen wurde. Das kann nur dadurch geschehen, dass beide Maschinen miteinander kommunizieren. Der Mähdrescher muss im Moment des Überladevorgangs detektieren, welches Überladefahrzeug sich direkt neben ihm befindet. Während des gesamten Überladevorgangs erfasst der Mähdrescher alle Überladefahrzeuge in der Nähe und dokumentiert das detektierte Überladefahrzeug.

(a) Kornüberladevorgang auf dem Feld [38]   (b) Wiegevorgang vor der Einlagerung

Abbildung 4.1: Überlade- und Wiegevorgänge bei der Getreideernte

Mit Hilfe einer direkten Kommunikation zwischen den Prozessteilnehmern kann - wie Abbildung 4.1b zeigt - eine vollautomatische Lieferscheinerstellung erfolgen. Moderne Digitalwaagen besitzen eine serielle Schnittstelle über die sie das aktuelle Gewicht ausgeben. Hierdurch kann das Gewicht einem Transportfahrzeug und somit auch einem Feld und einem Landwirt zugeordnet werden. Ein solches System wäre besonders interessant für den Landhandel oder die Mühle.

Um die Akzeptanz eines autonomen Dokumentationssystems bei den Landwirten zu erreichen, muss unbedingt sichergestellt werden, dass alle Daten ausnahmslos autonom zum Datenserver gelangen und keine Daten verloren gehen. Da der Mähdrescher und der Server keinen direkten Kontakt miteinander haben, müssen hierfür neue Mechanismen entwickelt werden. Weiterhin muss garantiert werden, das Unbefugte keinen Zugriff auf die Daten erhalten, weil die erfassten Erntedaten auch Rückschlüsse auf marktrelevante Daten (Kalkulation) und den erzielten Gewinn ermöglichen. Bei der Entwicklung des Systems muss auf eine sichere Zugriffsbeschränkung unbedingt geachtet werden.

Eine wichtige Forderung der Landwirte sind einfach zu bedienende Analyse- und Darstellungswerkzeuge. Es müssen Anwendungen entwickelt werden, die von den Landwirten intuitiv bedienbar sind oder ihren spezifischen Bedürfnissen leicht angepasst werden können. Diese verarbeiten die in der Datenbank gespeicherten Informationen und bereiten sie für die Landwirte auf.

Eine Lösung der in Tabelle 4.1 aufgeführten Anforderungen basiert auf kleinen elektronischen Kommunikationseinheiten, den sogenannten LaSeKo-Boxen. Jede Transport- und Erntemaschine wird mit einer LaSeKo-Box ausgestattet.

In der Abbildung 4.2 ist das Ernte- und Transportszenario dargestellt. Über die CAN-Bus Schnittstellen werden alle relevanten Maschinen- und Erntedaten des Mähdreschers aufgezeichnet. Die Position und die aktuelle Zeit werden mittels GPS erfasst. Mit Hilfe dieser Daten wird dann ein ISOBUS-XML File erzeugt und somit der Ernteprozess dokumentiert. Um die Daten vom Mähdrescher zum Datenserver auf den Hof zu transportieren, werden diese per Nahbereichsfunk während des Kornüberladevorgangs vom Mähdrescher auf den Traktor übertragen. Beim Entladen des Korns auf dem Hof, der Mühle oder dem Lager werden die Daten per Funk auf einen Datenserver übertragen. Bei jedem Überladevorgang wird dokumentiert, zwischen welchen Prozessteilnehmern das Getreide übergeben wurde. Die Daten werden wie ein Staffelstab

4 Problemstellung und Lösungsansatz

Tabelle 4.1: Anforderungen an landwirtschaftliche Dokumentationssysteme

Anforderungen	Lösungsansätze
Autonome Datenübertragung	Datenübertragung erfolgt autonom über Funk und nicht per Speichermedium
Datenübertragung in ländlichen Gebieten	Durch mehrere unterschiedliche Übertragungswege immer gegeben
Kein Datenverlust bei Störungen	Absichernde Mechanismen bei der Datenübertragung durch Antworttelegramme
Selbstkonfigurierendes Netzwerk	Selbständiges Erkennen der Maschinen und deren Funktion (Sender/Empfänger)
Geringe Kosten (> 400 €)	Bei Verwendung von Nahbereichsfunk keine Provider- und geringe Implementierungskosten
Rückverfolgbarkeit	Handshake zwischen den Prozessteilnehmern via Nahbereichsfunk
Einfache Analysewerkzeuge	Webbasierte Anwendungen
Keine Datenmanipulation durch Dritte	Verschlüsselung der Funkstrecke und der Daten

weiter gereicht und gelangen somit bis zum Server. Um dies zu erreichen werden sie immer an eine Maschine übertragen, die die Daten dem Server näher bringt. So ist beispielsweise eine Übertragung zwischen verschiedenen Mähdreschern nicht sinnvoll, da sich die Mähdrescher während der Ernteperiode nicht in die Nähe des Datenservers aufhalten und somit eine Weitergabe der Daten nicht direkt möglich ist.

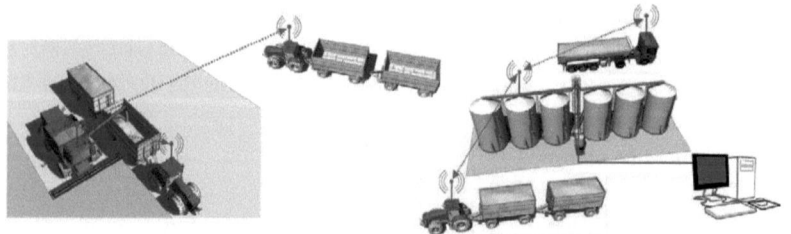

Abbildung 4.2: LaSeKo Ernte- und Transportszenario

Kapitel 5
Systementwicklung und Aufbau

Das Herzstück des LaSeKo-Forschungsprojektes und somit eines solchen autonomen Dokumentationssystems sind die elektronischen Kommunikationsmodule (LaSeKo-Boxen). In diese integriert sind Schnittstellen zu den Maschinen, Sensoren und anderen Netzwerken. Sie übernehmen somit die Kommunikation der angeschlossenen Geräte mit dem Datenserver. Um die Kommunikation zwischen dem Maschinennetzwerk und dem Datenserver zu ermöglichen, musste ein Standard entwickelt werden. Hier wurde auf den ISOBUS - XML - Standard aufgebaut. Die gespeicherten Maschinendaten auf dem Server müssen für den Benutzer, in erster Linie dem Landwirt, so aufbereitet werden, dass er sie leicht versteht und einen Mehrwert aus diesen Informationen ziehen kann. In den folgenden Ausführungen wird auf die Entwicklung des gesamten Dokumentationssystems eingegangen, von den Kommunikationsboxen bis hin zu den Webanwendungen auf dem Server. Diese Entwicklung entstand im Rahmen des Forschungsprojektes LaSeKo.

5.1 Aufbau und Funktionsweise der Kommunikationsboxen

Für die beschriebene Anwendung musste ein leistungsfähiges, flexibles, aber dennoch kostengünstiges System entwickelt werden. Aus diesem Grund wurde in Abstimmung mit der LogicWay GmbH ein Embedded Linux gewählt. Als Mikroprozessor wurde anhand seiner Leistungsdaten der AP7000 ausgewählt, ein 32 Bit Prozessor der Firma Atmel. Das Linux Betriebssystem birgt viele Vorteile. Erstens, es ist kostenlos und ein OpenSource-Projekt und der zweite

5 Systementwicklung und Aufbau

wichtige Vorteil ist, dass größtenteils die benötigten Hardwaretreiber schon im Linuxkernel enthalten sind.

In der Abbildung 5.1 ist das vereinfachte Blockschaltbild der Kommunikationsboxen mit allen Schnittstellen dargestellt. Im Anhang B befinden sich die detaillierten Blockschaltbilder. Auf die Schnittstellen wird im Folgenden näher eingegangen, insbesondere auf die Einbindung in das Embedded Linux. Das Linux Betriebssystem muss für die verwendete Hardware auf einem Hostsystem cross compiliert werden, hierfür wurde das Vanilla Buildroot Projekt verwendet. Ein Teil der benötigten Treiber ist bereits im aktuellen Linuxkernel enthalten, sodass nur Hardwareeinstellungen angepasst werden mussten.

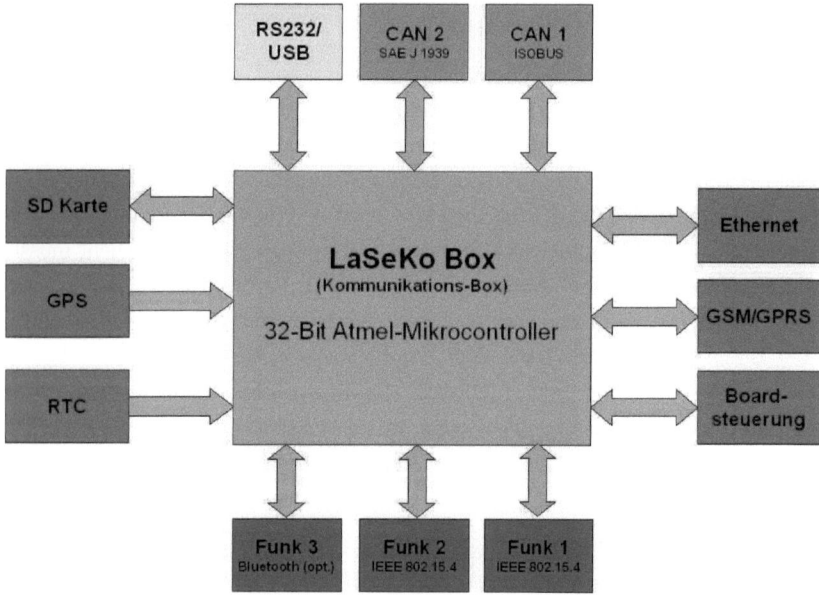

Abbildung 5.1: Blockschaltbild der LaSeKo - Box (Kommunikationsbox)

Für den Nahbereichsfunk stehen zwei IEEE 802.15.4 Funkschnittstellen und eine optionale Bluetoothschnittstelle zur Verfügung. Die Vorteile des IEEE 802.15.4 Standards liegen darin, dass keine Kommunikationskosten für Provider und nur die sehr geringen Implementierungskosten anfallen, sowie der sehr geringe Energieverbrauch. Bluetooth hat den Vorteil, dass es in viele

5.1 Aufbau und Funktionsweise der Kommunikationsboxen

Geräte schon standardmäßig integriert ist.

Die Schnittstelle zwischen der Kommunikationsbox und der Maschine ist der CAN-Bus (Controller Area Network). Hier wird im Bereich der mobilen Arbeitsmaschinen als Standard der ISOBUS 11783 und für die Dieselaggregate der SAE J 1939 verwendet [37] [35]. Leider ist die Adressvergabe und Datendeklarierung im Bereich der Erntedaten meist herstellerspezifisch und proprietär. D. h. die Informationen des CAN-Buses können zwar gelesen, aber nicht interpretiert werden.

Als weitere Maschinenschnittstellen stehen eine RS232- und eine USB-Client-Schnittstelle zur Verfügung. Hierdurch kann die Box an schon vorhandene Peripheriegeräte angeschlossen und zusätzliche Sensoren abgefragt werden.

Um die Kommunikation zwischen der Datenbank und dem Funknetz herzustellen, wird eine Kommunikationsbox via Ethernet an ein Netzwerk angeschlossen. Ergänzend ist hierfür ein WLAN-Modul vorgesehen, um direkt auf die angeschlossene LaSeKo-Box zuzugreifen.

Die Positionsdaten können ebenfalls optional mittels eines GPS-Empfängers aufgezeichnet werden oder falls verfügbar vom CAN-Bus der Maschinen abgefragt werden, weil heute auf vielen mobilen Arbeitsmaschinen standardmäßig schon ein GPS-System vorhanden ist.

Optional kann ein GSM/GPRS-Module in der Kommunikationsbox vorgesehen werden. Dies ist aber mit wesentlich höheren Kosten für die Hardware und Übertragungskosten verbunden. Außerdem ist das Mobilfunknetz in den ländlichen Gebieten nicht flächendeckend ausgebaut. Aus diesem Grund ist eine sofortige Datenübertragung von der Maschine zum Datenserver nicht gegeben, welcher der einzige Vorteil dieser Technologie wäre.

Die SD-Karte dient zur Speicherung der Daten. Es können auch SDHC Karten mit bis zu 64 GByte Speicherplatz verwendet werden.

Die Real Time Clock (RTC) stellt nach dem Systemstart die Zeit bereit. Sie ist mit einem Kondensator gepuffert und hält die aktuelle Zeit für einen Zeitraum von mindestens drei Wochen.

In den folgenden Ausführungen werden die Schnittstellen und deren Einbindung in das Linux genauer beschrieben.

5 Systementwicklung und Aufbau

5.1.1 Embedded Linux und die Atmel-Entwicklungsumgebung

Ein Embedded System[1] hat die Aufgabe, ein System zu steuern, zu regeln oder zu überwachen. Der Begriff eingebettetes System wird verwendet, weil es in einem Gerät soweit integriert ist, dass es für den Benutzer unsichtbar ist. Der Benutzer ist für die Bedienung des Systems nicht erforderlich und es arbeitet vollkommen autonom. Solche Systeme haben in vielen Geräten Anwendung gefunden, ohne dass der jeweilige Benutzer es merkt. Als Beispiele seien hier Kaffeeautomaten, Fernseher, Kühlschränke, Landmaschinen und viele weitere Anwendungen genannt [87].

Es gibt einige Embedded Betriebssysteme - eines davon ist Linux. Die Vorteile des Embedded Linux sind [70] [87]:

- eine leistungsfähige 32-Bit Architektur

- Applikationen können Plattform übergreifend entwickelt werden

- Multitaskingfähigkeit, d. h. mehrere Programme laufen parallel

- Multiuserfähigkeit

- unterliegt der General Public License (GPL), somit müssen keine Lizenzgebühren entrichtet werden

- modular aufgebauter Linuxkernel

- viele Bibliotheken

- TCP/IP Netzwerk Support

- hohe Stabilität

Sicherlich birgt es auch Nachteile, hierzu gehören:

- keine Kompatibilität zu anderen Embedded Systemen

- teilweise ist die Treiberunterstützung der Hardwarehersteller schlecht

- Dokumentation ist teilweise sehr lückenhaft

- hohe Einarbeitungszeit

---
[1] deutsch: eingebettetes System

5.1 Aufbau und Funktionsweise der Kommunikationsboxen

- Weiterentwicklung verläuft teilweise schleppend

Der größte Vorteil ist, dass man die Plattform übergreifend entwickeln kann. Die auf einem PC entwickelt und getesteten Applikationen müssen, um sie auf die Embedded Hardware zu transferieren, nur dafür cross-compiliert werden. Cross Compilieren bedeutet, dass Software nicht auf der eigentlichen Plattform in Maschinencode übersetzt wird sondern auf einem leistungsfähigerem System[2]. Natürlich muss der Cross Compiler die Hardwareeinstellungen des Zielsystems berücksichtigen und nicht die des Hostsystems. Ein wichtiger Grund des cross-compilierens ist, dass die meisten Embedded Systeme nicht genügend Ressourcen für einen Compiler besitzen oder das Compilieren sehr viel Zeit in Anspruch nehmen würde [99].

Der größte Nachteil des Embedded Linux ist die geringe Treiberunterstützung der Hardwarehersteller. Bei weit verbreiteter Hardware tritt dieses Problem nicht auf. Werden aber Schnittstellen benötigt, die nicht unbedingt in der Konsumelektronik verwendet werden, sind selten die entsprechenden Hardwaretreiber im Linuxkernel enthalten. Deshalb sollte vor der Entwicklung eines Embedded Systems genau geprüft werden, welche Hardware unterstützt wird. Hier ist es manchmal der bessere Weg, die Hardware dem Embedded Betriebssystem anzupassen. Sind die Treiber der verwendeten Hardware integriert, ist die Entwicklungszeit um ein Vielfaches geringer und die entwickelte Applikationssoftware arbeitet viel stabiler.

Zum Verständnis der Zusammenarbeit von Applikationssoftware, Linuxkernel und Hardwaretreiber ist ein Blick auf die Abstraktionsschichten des Linux erforderlich. In Abbildung 5.2 sind die Schichten dargestellt. Es ist die strikte Trennung des User- und Kernelspace zu erkennen. Dies ist der Sicherheit und Stabilität des Linux Betriebssystem geschuldet. Damit wird sichergestellt, dass Anwenderprogramme nicht die Stabilität des Betriebssystem beeinträchtigen. Im Userspace[3] sind nicht alle Funktionen des Kernels enthalten. So können z. B. keine Interrupts direkt angesprochen werden. Ein weiterer wichtiger Unterschied zwischen Kernel- und Userspace ist, dass Kernelprozesse eine wesentlich höhere Priorität besitzen als Benutzerapplikationen. Kernelprozesse werden somit immer vor Benutzerprozessen abgearbeitet.

Die Abstraktionsschichten des Linuxbetriebssystems beginnen mit der Hard-

---

[2] auch Hostrechner genannt
[3] deutsch: Anwenderbereich

5 Systementwicklung und Aufbau

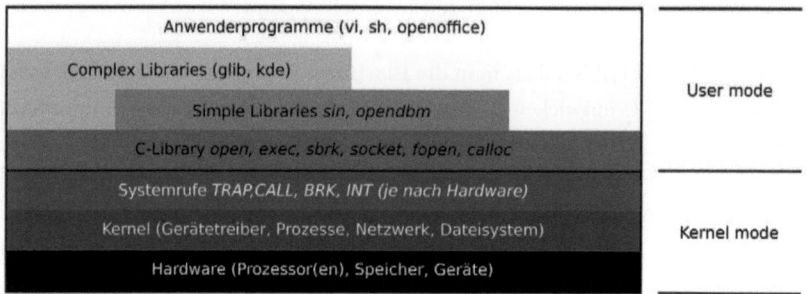

Abbildung 5.2: Abstraktionsschichten unter Linux [19]

wareschicht, in der die Prozessor- und Speicherarchitektur hinterlegt sind. Dann folgt die Kernelschicht, die Hardware-, Geräte- und Netzwerktreiber sowie das Dateisystem enthält. Die Systemaufrufe sind Methoden, die die bereitgestellten Funktionen des Kernels ansprechen und setzen somit direkt auf dem Kernel auf. Im Userspacebereich sind Libraries[4] und die Applikationen enthalten. Eine Programmbibliothek ist eine Sammlung von Softwarefunktionen mit zusammengehörenden Aufgaben und stellt diese Funktionen dem Applikationsentwickler bereit. Dies erleichtert die Entwicklung enorm. Es gibt eine Vielzahl an Bibliotheken wie z. B. Standardbibliothek für die Programmiersprache C (C-Library).

Um mit der Softwareentwicklung ohne eigene Hardware beginnen zu können, wurde auf das ATNGW100-Entwicklungsboard zurück gegriffen. Das ATNGW100 wird von der Firma Atmel zur Entwicklung von Anwendungen für den AP7000 Mikrocontroller bereitgestellt. Einige der benötigten Schnittstellen sind schon auf diesem Board enthalten. Mit Hilfe des speziell entworfenen Tochterboards der Firma LogidWay GmbH konnten alle zusätzlich benötigten Schnittstellen der LaSeKo-Box weiter entwickelt werden. Für das ATNGW100 stellt Atmel die Entwicklungsumgebung AVR32-Studio bereit. Da aber für das Embedded Linux der LaSeKo-Box zusätzliche Schnittstellen und Erweiterungen benötigt wurden, musste hierfür ein hardwarespezifisches Betriebssystem cross compiliert werden. Dies erfolgt mit dem sogenannten Buildroot.

---

[4] deutsch: Programmbibliotheken

5.1.2 Buildroot

Das Buildroot ist eine Sammlung von Scripten, mit dem man in der Lage ist, eine hardwarespezifische Embedded Linuxumgebung zu entwickeln. Es ist ein OpenSource Projekt und unterliegt der GNU General Public License [7]. Mit der Buildroot-Umgebung können die Toolchain, das Root Filesystem, das Kernel Image und der benötigte Bootloader auf dem Hostsystem cross compiliert werden. Für die Entwicklung stellt Atmel ein Buildroot-Package für das ATNGW100 Entwicklungsboard bereit [4]. Wenn sie zur Verfügung steht, sollte am Anfang immer mit der Entwicklungsumgebung des Boardherstellers gearbeitet werden.

Für die Entwicklung mit dem Buildroot müssen mehrere Pakete auf dem Hostrechner installiert werden. Eine Liste ist in der hier aufgeführten Arbeit [55] und auf der Buildroot-Homepage zu finden [4].

Nach dem Installieren der benötigten Pakete und dem Entpacken des Buildrootarchivs müssen die Patches der LogicWay GmbH angewendet werden [20]. Hierfür muss das Patchpaket entpackt, ein symbolischen Link für die Buildroot-Pakete angelegt und das Makefile des Patchpaketes in den Buildroot-200908-Ordner kopiert werden. Danach muss das Makefile lediglich mit folgendem Befehl ausgeführt werden und alle Änderungen sind damit eingepflegt:

```
make -f Makefile.lw_dimm_cpu_cb09
```

Danach muss die boardspezifische Konfiguration ausgewählt werden mit:

```
make (board)_defconfig
make atngw100_defconfig
make atngw100db09_defconfig
make lw-dimm-cpu-cb09_defconfig
```

Für (board)_defconfig muss die jeweils gewünschte Hardwareumgebung eingefügt werden. In den Zeilen darunter sind Beispiele für die Konfigurationsaufrufe für das ATNGW100, das Tochterboard des ATNGW100 und für die LaSeKo-Box. Je nach verwendeter Hardware muss einer dieser Befehle ausgeführt werden.

Mit folgendem Aufruf gelangt man in die grafische Oberfläche des Konfigurationsmenüs des Targetsystems und des Linuxkernels. Durch den vorhergehenden Aufruf der boardspezifischen Konfiguration sind viele Dinge schon

5 Systementwicklung und Aufbau

voreingestellt. Es können z. B. die Kernelversion, die Ausgabe, die Pakete und vieles mehr gewählt werden. In dem Konfigurationsmenü des Linuxkernels werden u. a. die zu verwenden Hardwaretreiber festgelegt.

```
make menuconfig
make linux26-menuconfig
```

An dieser Stelle sei erwähnt, dass mit weiteren Aufrufen auch die Busybox und μclibc konfiguriert werden können. Ist die Konfiguration abgeschlossen, kann mit dem folgenden Aufruf das Erstellen des Targetsystems gestartet werden.

```
make
```

Das Erstellen des Filesystems benötigt viel Erfahrung und war somit der größte Teil der Entwicklungsarbeit. Wurde das Buildroot erfolgreich durchkompiliert, befindet sich in dem Ordner */binaries/<boardname>* das Filesystem, der Kernel und der Bootloader. Das Filesystem liegt in unterschiedlichen Versionen vor, die im folgenden Kapitel näher beschrieben werden (Direktspeicherung auf dem Flash-Speicher des Targetsystems oder Booten von der SD-Karte).

Um unter Linux Software zu verwalten, Programme zu installieren und zu deinstallieren, werden sogenannte Paketmanager eingesetzt. Auf dem Hostrechner ist es möglich, während des laufenden Betriebs, zusätzliche Software zu installieren. Aufgrund der schon erwähnten geringen Ressourcen eines Embedded Linuxsystems ist dies nur mit Hilfe des Buildroots möglich. Viele Programme, Bibliotheken sind schon im Buildroot enthalten. Sollen jedoch nicht vorhandene Softwarepakete installiert werden, müssen diese konfiguriert und eingefügt werden.

Hierfür gibt es zwei Herangehensweisen. Dies hängt davon ab, ob die Softwarepakete als Autotool Paket oder als generisches Paket vorliegen. Aktuelle Softwarepakete liegen meist als Autotool vor, aber beide Vorgehensweisen sind auf der Dokumentationsseite des Buildroots sehr detailliert beschrieben [8]. Wichtig ist, die Abhängigkeiten der Pakete zu beachten, denn viele Pakete sind von Bibliotheken oder anderen Softwarepaketen abhängig, die ebenfalls installiert werden müssen. Anhand der Fehlerausgaben beim Erstellen des Filesystems ist dies leicht nachzuvollziehen.

5.1 Aufbau und Funktionsweise der Kommunikationsboxen

5.1.3 Bootloader U-Boot

Das U-Boot[5] ist eine Software, die als erstes nach dem Starten eines Systems geladen wird. Deshalb befindet sie sich auch im ersten Block des bootfähigen Mediums. Zu den Bootloadern gehört das auch auf herkömmlichen Computern eingesetzte BIOS und die Bootloader auf Embedded Systemen. Die Hauptaufgabe besteht darin, das Betriebssystem zu laden [66].

Um mit dem Embedded System arbeiten zu können, muss das U-Boot auf dem Targetsystem installiert sein. Bei den Entwicklungsboards wurde die Hardware schon vom Hersteller mit einem U-Boot geflasht. Wird jedoch eigene Hardware verwendet, ist der Flashspeicher leer und muss erst mit dem U-Boot beschrieben werden. Dies geschieht über die JTAG[6]-Schnittstelle. Hierfür wird ein spezieller JTAG-Programmieradapter benötigt. Die Firma Atmel bietet zwei dieser Geräte an, JTAG-ICE-MKII und das AVR-ONE. Beide werden über die USB-Schnittstelle mit dem Hostsystem verbunden und über die JTAG-Schnittstelle an das Targetsystem angeschlossen. Mittels des Programms **avr32programmer** können der Flashspeicher gelöscht und das U-Boot sowie das Filesystem übertragen werden. Die Befehle lauten dafür:

```
avr32program erase -fcfi@0
avr32program program -F bin -vfcfi@0 uboot.bin
avr32program program -F bin -vfcfi@0 -O 0x20000 ngw_jffs2_root.img
```

Nachdem das U-Boot sich auf dem Targetsystem befindet, kann es so konfiguriert werden, dass es in der Lage ist, von unterschiedlichen Quellen zu booten:

1. vom Flashspeicher

2. über die serielle Schnittstelle

3. über Ethernet mittels NFS

4. von der SD-Karte

Sofort nachdem Einschalten des Systems gelangt man mit der Leertaste in das Menü des U-Boots. Mit dem Befehl **printenv** werden die aktuellen Einstellungen des U-Boots angezeigt. Die Grundeinstellung ist, dass das Targetsystem

---

[5]Universal Boot Loader
[6]Programmierschnittstelle nach dem IEEE-Standard 1149.1 (Joint Test Action Group)

5 Systementwicklung und Aufbau

vom Flashspeicher bootet. Dies hängt aber von der Konfiguration des U-Boots im Buildroot ab.

Da die Vorgehensweise beim Einstellen des U-Boots hier den Rahmen sprengen würde, sind im Anhang C Anleitungen enthalten. Diese beschreiben die Einstellungen des Target- und Hostsystems, um von der SD-Karte und über NFS zu booten. Das Booten über die serielle Schnittstelle wurde nicht verwendet, da die Datenübertragung sehr langsam ist und das Übertragen der Daten sehr lange dauert. Die SD-Karte muss, um von ihr booten zu können, formatiert, partitioniert und beschrieben werden. Hierfür wurde ein Shell-Script geschrieben, welches ebenfalls im Anhang C enthalten ist.

Weiterhin kann das U-Boot dazu verwendet werden, das Filesystem via Ethernet und dem TFTP-Protokoll auf den Flashspeicher zu kopieren. Dies ist sehr hilfreich, wenn kein JTAG-Programmieradapter zu Verfügung steht. Eine Anleitung ist im Anhang C aufgeführt.

5.1.4 Entwicklung der Nahbereichsfunkschnittstelle

Wie im Kapitel 4 deutlich wird, ist eine Funkschnittstelle für den Nahbereich unabdingbar. Deshalb werden im ersten Schritt alle in Frage kommenden Funkstandards verglichen und der am besten geeignete bestimmt. Danach wird auf die Grundlagen und die Einbindung unter Linux der einzelnen Standards eingegangen.

Vergleich der wichtigsten Nahbereichfunkstandards

Da mehrere Standards zur Verfügung stehen, wird anhand der aufgeführten Kriterien in Tabelle 5.1 eine Auswahl getroffen. Die drei wichtigsten Funkstandards sind WLAN, Bluetooth und der IEEE802.15.4. Es sind auch einige proprietäre Verfahren entwickelt worden, auf diese wird an dieser Stelle nicht weiter eingegangen.

Als erstes wichtiges Kriterium gilt die Datenübertragungsrate. Hierbei ist zu beachten, dass nicht die Bruttodatenrate heran gezogen wird, sondern die Nettodatenrate. Jedes Funkdatenpaket (Frame) setzt sich aus dem Nachrichtenkopf (Header) und den Nutzdaten (Payload) zusammen. Somit erreicht z. B. der IEEE 802.15.4 bei einer Bruttodatenrate von 250 kbit/s eine maximale Nettodatenrate von 144 kBit/s (18 kByte/s) [71]. Die benötigte Nettodatenrate muss vor der Auswahl des verwendeten Funkstandards bestimmt werden.

5.1 Aufbau und Funktionsweise der Kommunikationsboxen

Dies wurde im Vorfeld überschlägig, anhand der zu erfassenden Parameter, die in den Tabellen 5.5 5.6 5.7 enthalten sind, und des Aufzeichnungsintervalls von einer Sekunde berechnet. Es wurde eine zehnminütige Beispieldatei im XML-Format händisch erzeugt, um die Berechnungen zu überprüfen. Für einen Aufzeichnungszeitraum von 10 Minuten wurde eine Dateigröße von maximal 200 kByte bestimmt. Nach der Komprimierung der Daten beträgt die Datei noch ca. 20 KByte. Die Übertragung einer Datei beträgt mit Kontaktaufnahme der Maschine maximal zwei Sekunden. Die Dauer des Überladevorgangs beträgt ungefähr zwei bis drei Minuten. Daraus kann geschlossen werden, dass alle Daten innerhalb von drei Minuten übertragen werden müssen. Mindestens eine Minute steht zusätzlich für die Datenübertragung zur Verfügung, da der Traktor sich noch kurz vor und nach dem Überladevorgang im Empfangsbereich des Mähdreschers befindet. Somit ist die Übertragungsrate des IEEE 802.15.4 Standards mehr als ausreichend, um die Daten vollständig zu übertragen.

Alle drei zur Auswahl stehenden Funkstandards arbeiten im 2,4 GHz Bereich und sind weltweit zugelassen. Um nicht nur eine lokal begrenzte Lösung zu entwickeln, ist dieses Kriterium sehr wichtig. Da im 2,4 GHz Bereich sehr viele Geräte senden, müsste in einem urbanen Gebiet mit starken Einschränkungen in der Datenrate gerechnet werden. In ländlichen Gebieten ist dieses Problem nicht gegeben, da es nur sehr wenige Geräte im Empfangsbereich gibt. Hier seien als Beispiele das Mobiltelefon des Fahrers und das WLAN auf dem Hof genannt. Bei der geringen Anzahl an Geräten führt dies zu kaum spürbaren Beeinträchtigungen.

Die Reichweite des Funkstandards muss ebenfalls betrachtet werden. Diese darf im schlechtesten Fall, im Freifeld, nicht unter 100 m liegen. In der Tabelle 5.1 sind die Angaben der Reichweiten Herstellerangaben, diese sind jedoch nur im Idealfall zu erreichen. Deshalb muss teilweise von einem Drittel dieser maximalen Reichweiten ausgegangen werden.

In die Betrachtung müssen ebenfalls die Kosten für Material und Implementierung mit einbezogen werden. Um die Entwicklung zu erleichtern, werden auch Funkmodule angeboten. Auf diesen ist der Funkstack schon enthalten und es muss lediglich über eine Standardschnittstelle eine Verbindung hergestellt werden. Solch eine Standardschnittstelle ist meistens eine serielle Schnittstelle. Für Bluetooth wurde ein solcher Standard entwickelt, den sogenannten Host Controller Interface (HCI). Dies ermöglicht eine sehr einfache Entwicklung, aber ist mit höheren Kosten verbunden. Ein HCI ist bereits im Linuxker-

5 Systementwicklung und Aufbau

Tabelle 5.1: Vergleichsmatrix der Nahbereichsfunkstandards [105] [78] [61]

Eigenschaften	WLAN	Bluetooth	IEEE 802.15.4
Standards	802.11b	802.15.1	802.15.4
Einsatzgebiet	Weltweit	Weltweit	Weltweit
Frequenzband [GHz]	2,400-2,4835	2,402-2,480	2,400-2,485
Kanalzugriff	CSMA/CA	FHSS	CSMA/CA
Kanalanzahl	16	79	13
Modulations	DSSS	FHSS	DSSS
Datenrate	11 Mbps	3 Mbps	250 kbps-2 Mbps
Netzteilnehmer	32	7	>64000
Paketaufbau [Byte]	30 bis 2.312+4	9+7 bis 343	4+1+1+127
Nutzdaten [Byte]	bis 2312	bis 343	127
Reichweite	100 m	300 m	500 m
Batterielebensdauer	Stunden	1 Woche	>1 Jahr
Materialkosten	50 €	35 €	10 €
Verschlüsselung	40.108 Bit	8 - 128 Bit	32-128 Bit AES
Treiber im Linux	Ja	Ja (HCI)	Ja

nel enthalten und wird im Folgenden näher erläutert. Für den IEEE 802.15.4 Standard wird im Linux-ZigBee Projekt ebenfalls an einem Treiber für den Linuxkernel gearbeitet. Auf die Integration des Treibers wird ebenfalls im Folgenden näher eingegangen. Ein Linuxtreiber für die gängigsten WLAN-Chips ist ebenfalls schon im Kernel enthalten.

Der letzte und wichtigste Punkt für mobile Anwendungen ist der Energieverbrauch der Funkstandards. Hier ist ganz klar der IEEE 802.15.4 die beste Wahl, weil hier eine Batterielebensdauer von über einem Jahr gegeben ist. Werden Bluetooth oder WLAN verwendet, muss unbedingt eine externe Spannungsversorgung vorgesehen werden, da der Energieverbrauch im Vergleich zum IEEE 802.15.4 sehr hoch ist.

Da die Datenrate mehr als ausreichend ist, die Kosten am geringsten, die Reichweite am größten und den geringsten Energieverbrauch hat, fiel die Wahl auf den IEEE 802.15.4 Funkstandard. Da keine IEEE 802.15.4 Schnittstelle standardmäßig in Mobilfunktelefone integriert ist, wurde für weitere Applikationen noch ein HCI-Bluetooth Modul vorgesehen.

5.1 Aufbau und Funktionsweise der Kommunikationsboxen

IEEE 802.15.4 Standard

Der IEEE802.15.4 Standard beinhaltet den Physical (PHY) Layer und den Medium Access Control (MAC) Layer. In diesen beiden Layern sind die Bitübertragungs- und die Sicherungsschicht beschrieben. Weitere Protokolle wie z. B. ZigBee[7] baut auf dem IEEE802.15.4 Protokollstapel auf [72].

In Abbildung 5.3 ist der standardisierte Aufbau der Rahmenformate (Frames) dargestellt. Hier ist die Aufteilung zwischen dem PHY-Layer und dem MAC-Layer zu erkennen. Der PHY-Layer beinhaltet drei Einzelteile: der Synchronization Header (SHR), der Physical Header (PHR) und der Physical (PHY) Payload. Zum Verständnis der Abbildung muss hier erwähnt werden, dass ein Octet aus 8 Bit besteht. Der SHR dient der Synchronisation zwischen Sender und Empfänger. Er besteht aus einer vier Byte langen Präamble, die mit Nullen gefüllt ist, und einem ein Byte langem Start of Frame (SOF) Delimiter. Der PYH besteht aus einem Byte, wobei das erste Bit die Informationen über die Anzahl an den AT86RF231 Funkchip angeschlossenen Antennen enthält. Die sieben folgenden Bits enthalten die Information über die Länge des PHY Payloads. Die Länge des PHY Payloads kann zwischen 0 und 127 Byte liegen.

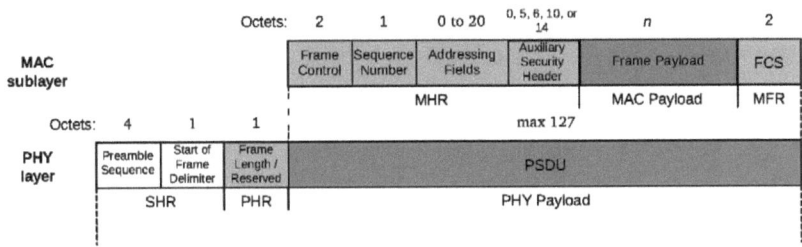

Abbildung 5.3: Datenrahmen nach dem IEEE 802.15.4 Standard [34]

Das Frame Control Field (FCF) des MAC-Headers in Abbildung 5.4 beinhaltet u. a. den Frametypen. Zu den Frametypen gehören Beacon,[8] Data Frame,[9]

---

[7] leitet sich vom ZickZack-Flug einer Biene ab
[8] deutsch: Leuchtfeuer
[9] deutsch: Datentelegramm

5 Systementwicklung und Aufbau

Acknowledge Frame[10] und das Command Frame[11]. Der Frametyp wird in den ersten drei Bits des FCF festgelegt. Mittels des Security Enabled Bits kann das Frame geschützt werden. Hierauf wird im Kapitel 6 näher eingegangen. Das Frame Pending Bit wird gesetzt, falls weitere Daten versendet werden sollen. Dies ist laut Standard nur im Fall von Beacon Frames nötig. Für eine sichere Datenübertragung kann das Acknowledgement Request Bit gesetzt werden. Ist dies der Fall, sendet der Empfänger nach erfolgreichem Empfang und CRC Prüfung ein Antworttelegramm an den Sender. Dadurch wird der Sender darüber informiert, dass die Übertragung korrekt erfolgt ist.

Wurden Source[12]- und Destinationadresse[13] verwendet und befinden sie sich im gleichen PAN, muss nur die Destination PAN-ID angegeben werden. Sobald das PAN ID Compression Bit gesetzt wurde, wird vom Empfänger die Source PAN-ID der Destination PAN-ID gesetzt. Das Destination Addressing Mode Feld enthält Informationen über das verwendete Format des Adressfeldes. Im Frame Version Feld wird angegeben, welche IEEE 802.15.4 Version verwendet wird. Es stehen die Versionen 2003 und 2006 zur Auswahl. Ist die Source- und Destination PAN-ID gleich, muss das im Source Addressing Mode Feld eingestellt werden.

Bits: 0-2	3	4	5	6	7-9	10-11	12-13	14-15
Frame Type	Security Enabled	Frame Pending	Ack. Request	PAN ID Compression	Reserved	Dest. Addressing Mode	Frame Version	Source Addressing Mode

Abbildung 5.4: Format des Frame Control Fields (FCF) [34]

Die Sequenznummer (Sequence Number) im MAC-Header wird beim Senden der Frames automatisch hochgezählt, somit kann der Empfänger verlorene Datenpakete sofort erkennen. Da das Feld der Sequenznummer nur ein Byte lang ist, kann nur bis 255 gezählt werden und beginnt beim Überschreiten wiederum bei 0. Die Adressinformationen enthalten Empfänger- und Senderidentifikation sowie die Adresse des Personal Area Network (PAN). Der Frame kann optional verschlüsselt werden, dies muss im Steuerfeld definiert werden. Erst nach der

---
[10] deutsch: Antworttelegramm
[11] deutsch: Kommandotelegramm
[12] Sender
[13] Empfänger

5.1 Aufbau und Funktionsweise der Kommunikationsboxen

Aktivierung dieser Funktion ist der Auxiliary Security Header vorhanden. Eine Verschlüsselung wird mittels einer AES-128 Verschlüsselung erreicht, wobei der symmetrische Schlüssel einheitlich für das ganze WPAN gilt. In der Data Payload sind die Nutzdaten enthalten. Pro Frame können maximal 114 Byte Nutzdaten übertragen werden [104]. Am Ende jedes Frames befindet sich die Frame Check Sequence. Diese enthält eine Cyclic Redundancy Check[14] (CRC) Summe mit der überprüft wird, ob die Daten korrekt übertragen wurden. Auf die CRC wird im Kapitel 6 näher eingegangen.

Um eine möglichst hohe Standardisierung und Kompatibilität zu erreichen, unterliegt das LaSeKo-Funkprotokoll dem IEEE802.15.4 Standard. Der Funkstandard ist so konzipiert, dass für eine Applikation nur Teile übernommen werden müssen und nicht der gesamte Standard. Aus diesem Grund wurden für das LaSeKo-Funkprotokoll die vier benötigten Frametypen umgesetzt, die im Folgenden genauer beschrieben werden.

Das Data Frame in Abbildung 5.5 wird zur Datenübertragung verwendet. Im Adressfeld sind die jeweiligen Adressen des Empfängers und des Senders enthalten. Für das LaSeKo-Protokoll wird bei der Adressvergabe auf den IEEE 802.15.4 Standard verzichtet und lediglich die sogenannten Kurzadressen vergeben. Wie schon erwähnt, beträgt die maximale Payload 114 Byte. Um größere Dateien zu übertragen, müssen diese aufgeteilt und nacheinander übertragen werden.

Octets: 2	1	6 to 20	0/5/6/10/14	variable	2
Frame Control	Sequence Number	Addressing fields	Auxiliary Security Header	Data Payload	FCS
MHR				MAC Payload	MFR

Abbildung 5.5: Data Frame Format [34]

Wurde beim Versenden eines Frames im FCF das Acknowledge Request Bit gesetzt, antwortet der Empfänger nach dem Erhalt korrekter Daten mit einem Acknowledge Frame. Die Funktion des Antworttelegramms besteht darin, dass der Empfänger die erhaltenen Daten mittels der CRC auf die Richtigkeit prüft und den Erhalt quittiert. Für diese Quittierung müssen nur wenige Informationen im Antworttelegramm enthalten sein. Die eigentliche Information ist die

---

[14]deutsch: zyklische Redundanzprüfung

5 Systementwicklung und Aufbau

Antwort des Empfängers. Anhand der Sequenznummer stellt der Empfänger fest, welches Frame vom Empfänger quittiert wurde.

Das Antworttelegramm besteht aus nur 11 Bytes und benötigt nur 1/10 der Zeit zum Senden gegenüber einem Dataframe. Infolgedessen benötigt man für die gleiche Anzahl an Frames beim Übertragen 10% mehr Zeit gegenüber nicht quittierten Daten. Durch das Quittieren wird eine sehr hohe Datensicherheit erreicht, denn sobald kein Antworttelegramm vom Empfänger versendet wird, wird der Sendevorgang des Datenframes wiederholt.

Octets: 2	1	2
Frame Control	Sequence Number	FCS
MHR		MFR

Abbildung 5.6: Acknowledge Frame Format [34]

Mittels eines Beacon Frames, das in Abbildung 5.7 dargestellt ist, werden die Netzwerkteilnehmer informiert und synchronisiert. Es wird bei den meisten Anwendungen in regelmäßigen Abständen ausgesendet. In dem erweiterten Modus, dem Beacon-Enable Modus, werden Beacons versendet, um eine Zeit gesteuerte Kommunikation zu ermöglichen. Das Beacon Frame enthält zusätzlich noch die MAC-Payload, aber diese wird für das LaSeKo-Funkprotokoll nicht benötigt. Daran ist die Flexibilität des IEEE 802.15.4 Standards zu erkennen. Der Entwickler übernimmt nur die Bestandteile des Funkstandards, die er für seine Anwendung benötigt.

Octets: 2	1	4/10	0/5/6/10/14	2	variable	variable	variable	2
Frame Control	Sequence Number	Addressing fields	Auxiliary Security Header	Superframe Specification	GTS fields (Figure 45)	Pending address fields (Figure 46)	Beacon Payload	FCS
MHR				MAC Payload				MFR

Abbildung 5.7: Beacon Frame Format [34]

Für die Netzwerkverwaltung in einem IEEE 802.15.4 Netzwerk wird das in Abbildung 5.8 dargestellte Command Frame verwendet. Ein spezieller Typ des Command Frame ist das Beacon Request Command. Mit diesem Kommando fordert der Sender alle Empfänger auf, die sich im Empfangsbereich befinden,

5.1 Aufbau und Funktionsweise der Kommunikationsboxen

mit einem Beacon zu antworten. Über diese Aufforderung nehmen die Teilnehmer im LaSeKo-Funkprotokoll Kontakt zu einander auf. Da nur innerhalb des eigenen PANs kommuniziert werden soll, wird nur die Destination PAN ID angegeben. Um alle Teilnehmer des Netzwerkes zu erreichen, muss in die Short Address $0xFFFF$ eingetragen werden. Der Typ des MAC-Command wird durch den Command Frame Identifier definiert. Nach dem IEEE 802.15.4 entspricht $0x07$ einem Beacon Request Command.

Octets: 2	1	(see 7.2.2.4.1)	0/5/6/10/14	1	variable	2
Frame Control	Sequence Number	Addressing fields	Auxiliary Security Header	Command Frame Identifier	Command Payload	FCS
MHR				MAC Payload		MFR

Abbildung 5.8: MAC-Command Frame Format [34]

AT86RF231 Linuxtreiber

Als Hardware wurde für die IEEE 802.15.4 Schnittstellen der LaSeKo-Box der AT86RF231 Funkchip von der Firma Atmel gewählt. Dieser hat die besten Empfangs- und Sendeeigenschaften im Hochfrequenz (HF)Bereich [29]. Angesteuert wird der Chip über ein Serial Peripheral Interface (SPI), drei General Purpose Input/Output (GPIO) und einen externen Interrupt.

Um den Chip unter Linux zu betreiben, bedarf es eines Gerätetreibers. Dieser stellt die Softwareschnittstelle zwischen dem Betriebssystem und der Hardware dar [53]. Im Embedded Linux Kernel sind viele Hardwaretreiber schon integriert, andere befinden sich noch in der Entwicklungsphase u. a. der Kernelspacetreiber für den AT86RF231 Funkchip. In dem Linux-ZigBee OpenSource Projekt wird an der Integration des IEEE 802.15.4 Stacks in den Linuxkernel gearbeitet. Außerdem wurden Hardwaretreiber u. a. für die AT86RF231 und CC2420 Funkchips mitentwickelt [23].

Der IEEE 802.15.4 Linuxtreiber besteht aus zwei Teilen, den Kerneltreibern und den Anwenderprogrammen im Userspace. Um die Kerneltreiber im Embedded Linux der LaSeKo-Box zu integrieren, muss der Kernel des Linux-ZigBee Projektes heruntergeladen werden und mittels Git[15] die Änderungen

---

[15]eine freie Software zur Versionsverwaltung von Dateien, insbesondere den Linuxkernel

5 Systementwicklung und Aufbau

herausfiltert und in das Buildroot eingepflegt. Nach erneutem Kompilieren und Auswählen der Treiber befinden sich die benötigten Module im Filesystem. Danach muss der Treiber nur noch in den Hardwareeinstellungen der LaSeKo-Box eingepflegt werden.

Die Userspacetools (Anwenderprogramme zum Starten der WPAN-Schnittstellen) sind in dem Paket lowpan-tools enthalten und müssen wie in der Dokumentation des Buildroots beschrieben als Autotool kompiliert werden [8]. Hierfür werden noch die Pakete libnl und libtool benötigt. Um den AT86RF231 Funkchip dann verwenden zu können, muss nur noch das WPAN-Device eingebunden und gestartet werden. Dies wird auf der Linux-Zigbee Projekthomepage sehr detailliert beschrieben [23].

Da keine fehlerfreie Einbettung des Kerneltreibers in das Linux-Filesystem bis zum Frühjahr 2010 erfolgt ist, wurde ein eigener Userspacetreiber geschrieben. Dies war notwendig, da für die Tests in der Erntesaison 2010 die Funkschnittstelle zur Verfügung stehen musste.

Für den Userspacetreiber werden trotzdem Kerneltreiber für die SPI, die GPIOs und den externen Interrupt benötigt. Die SPI Schnittstelle und GPIOs müssen im Kernelmenü ausgewählt und in den Hardwareeinstellungen eingetragen werden und stehen danach als Device bereit. Das externe Interrupt kann nur im Kernelspace verwendet werden. Um eine Verwendung im Userspace zu ermöglichen, wird ein UIO-Treiber[16] bereit gestellt. Dieser muss ebenfalls ausgewählt und in den Hardwareeinstellungen eingetragen werden [30]. Danach sind alle benötigten Schnittstellen im Userspace vorhanden, um den AT86Rf231 Funkchip zu verwenden.

Mit Hilfe des von Atmel zur Verfügung gestellten MAC-Software Paketes wurde die Entwicklung enorm erleichtert. Zwar ist dieses Packet für die Entwicklung von Anwendungen für 8-Bit Mikrocontroller gedacht, aber es sind alle benötigten Funktionen und Schichten darin enthalten. Somit wurde das MAC-Software Paket als Orientierung verwendet und alle benötigten Funktionsrümpfe und -namen übernommen. In der Abbildung 5.9 sind die Layer der Atmel MAC-Architektur zu erkennen. Das LaSeKo-Funkprotokoll umfasst nicht den gesamten IEEE 802.15.4 Standard, deshalb wird nur der Platform Abstraction Layer (PAL) benötigt.

Für den Linuxtreiber wurden folgende Funktionen des PAL im Userspace

---

[16] Userspace Input/Output

5.1 Aufbau und Funktionsweise der Kommunikationsboxen

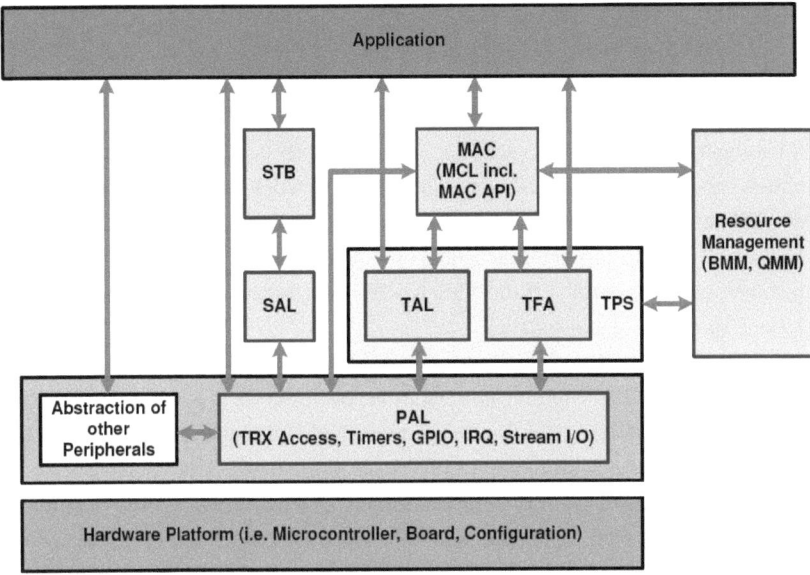

Abbildung 5.9: MAC-Architektur des MAC-Software Paketes von Atmel [5]

des Embedded Linux umgesetzt:

- Timerfunktionen
- Register lesen und schreiben über die SPI
- Auslesen des Interrupts
- setzen der Sleep und Reset GPIOs

Mit diesen Grundfunktionen waren alle benötigten Schnittstellen des Funkchips vorhanden, um Daten zu übertragen. Hierauf baut das LaSeKo-Funkprotokoll auf. Der Nachteil eines Userspacetreiber ist seine geringe Prozesspriorität, d. h. alle Kernelprozesse werden vor den Userspaceprozessen abgearbeitet. Da die Kommunikation sehr zeitkritisch ist, ist ein Kernelspacetreiber immer die bessere Wahl. Aus diesem Grund konnten in den Tests mit dem Userspacetreiber keine Daten mit einer Dateigröße von mehr als 100 kByte übertragen werden.

5 Systementwicklung und Aufbau

Bluetooth

Um die Flexibilität der Kommunikationsbox zu erhöhen, wurde zur Übertragung der Daten eine Bluetoothschnittstelle vorgesehen. Wie in der Tabelle 5.1 aufgeführt, liegen die Nachteile von Bluetooth in der Reichweite und dem hohen Stromverbrauch. Ein ganz entschiedener Vorteil von Bluetooth liegt in der hohen Verbreitung in der Mobilelektronik, denn in fast allen Notebooks, Netbooks und Mobiltelefonen sind heute Bluetoothschnittstellen vorhanden. Insofern ist ein Zugriff auf die LaSeKo-Box mit einem Mobiltelefon oder Notebook ohne Probleme möglich.

In der physikalischen Schicht des Bluetooth Standards sind u. a. die Funkfrequenzen, die Bitübertragung und Modulation festgelegt. Nach dem ISO/OSI-Schichtenmodel folgt dann die Sicherungsschicht, diese besteht aus zwei Teilschichten, dem Link-Manager (LLC) und dem MAC. Die MAC-Ebene des Bluetooth-Standard ist mit dem Basisband gleichzusetzen. Dieses beinhaltet eines der wichtigsten Merkmale von Bluetooth und zwar das Frequenzsprungverfahren. Nach der Übertragung eines Datenpaketes wird die Trägerfrequenz geändert, d. h. es wird zwischen den 79 Kanälen gewechselt. Hierdurch werden Kollisionen mit anderen Sendern im 2,4 GHz-Bereich vermieden und demzufolge wird die Übertragungssicherheit wesentlich erhöht.

Die Abbildung 5.10 zeigt den Aufbau eines Bluetooth Asynchronous Connection-Less (ACL) Paketes. Diese werden für die Datenübertragung benötigt. Mit dem 72 Bit langem Access Code wird deklariert, zu welchem Piconetzwerk das ACL gehört. Im folgenden Header sind u. a. die Slaveadresse, der Pakettyp und der Empfangsspeicherzustand enthalten. Genau wie beim IEEE 802.15.4 wird das Frame vom Empfänger mittels einer CRC auf seine Korrektheit überprüft. Ist ein Fehler enthalten, wird das Datenframe verworfen und der Sender wiederholt den Sendevorgang.

Für eine einfachere Anwendungsentwicklung wurde, wie schon erwähnt, der HCI Standard entwickelt. Dieser bildet, wie in Abbildung 5.11 zu erkennen, die Schnittstelle zwischen dem Bluetooth Controller und dem Hostsystem. Auf dem Bluetooth Controller muss eine Firmware installiert sein, die die unteren Schichten des Bluetoothstandards abbildet. Als Schnittstelle zum Hostsystem werden meist USB und serielle Schnittstellen verwendet. Es können aber auch I^2C oder SPI verwendet werden. Als physikalische Verbindung zwischen der Kommunikations-Box und dem HCI-Modul wird eine UART verwendet, da auf

5.1 Aufbau und Funktionsweise der Kommunikationsboxen

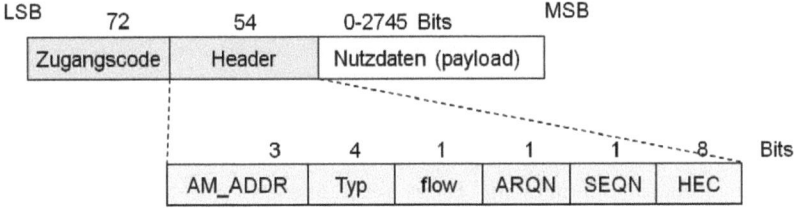

Abbildung 5.10: Aufbau eines Bluetooth Asynchronous Connection-Less (ACL) Paketes

dem AP7000 Mikrocontroller nur eine USB-Device Schnittstelle zur Verfügung steht [110].

Auf dem Hostsystem wird der Treiber für die HCI-Schnittstelle und ein Bluetoothstack benötigt. Unter Linux wird der Linux HCI Kerneltreiber bereitgestellt, dieser muss ausgewählt und kompiliert werden. Ferner muss im Kernel ausgewählt werden, welche Schnittstellen und welches Protokoll unterstützt werden soll. Für den Kernel der Kommunikationsbox muss der UART-Treiber sowie das H4-Protokoll integriert werden. Für die Verwendung der HCI-Schnittstellen werden außerdem noch Usertools benötigt. Hierfür muss das *bluez − usertools* Paket installiert werden. Dieses Paket stellt alle benötigten Programme bereit. Mittels des *hciattach* Programms wird das Bluetooth-UART Modul eingebunden und im Folgenden mit *hciconfig* gestartet. Wurde das Bluetoothdevice erfolgreich gestartet, kann man mit den *hcitools* alle vorgesehenen Funktionen des Bluetoothmodul verwenden. Danach ist die Implementierung eigener Anwendungen keine Hürde mehr.

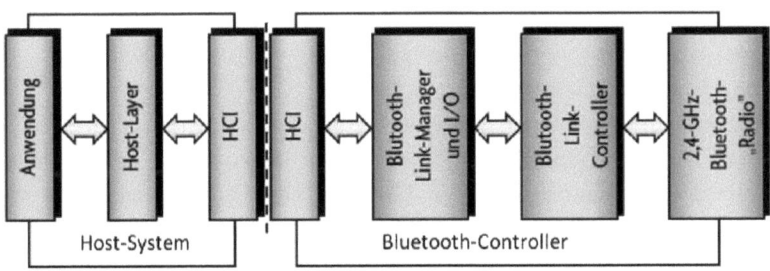

Abbildung 5.11: Softwareschichten mit Host Computer Interface (HCI) [110]

5 Systementwicklung und Aufbau

Das HCI-Protokoll ist recht umfangreich und komplex. Erfordert die Anwendung diese Komplexität nicht, kann auf das Serial Prot Protokoll (SPP) zurückgegriffen werden. Bei diesem Protokoll wird das Bluetoothmodul mittels des AT-Befehlssatz über eine serielle Schnittstelle angesprochen. Das AT steht in diesem Fall für „attention" und muss vor jedem Befehl gesetzt werden. Das Bluetoothmodul muss eine Firmware besitzen, die das SPP-Protokoll unterstützt. Das SPP-Protokoll erfordert keine weiteren Treiber oder Pakete im Linuxkernel.

5.1.5 GSM/GPRS Schnittstelle

Das Global System for Mobile Communication (GSM) zählt zu den leitungsvermittelnden Kommunikationsnetzen, d. h. mit dem Beginn der Verbindung wird eine direkte Verbindung zwischen den Teilnehmern hergestellt. Über eine GSM-Verbindung können Sprache oder Daten übertragen werden. Die Datenübertragungsrate beträgt theoretisch 64 kbit/s, in der Praxis werden ca. 13 kbit/s erreicht [94]. Die Reichweite kann im Freifeld bis zu 35 km betragen. In der Regel wird aber nur von einigen Kilometern ausgegangen.

Der General Packet Radio Service (GPRS) ist eine Erweiterung des GSM Standards zur Datenübermittlung. Mit diesem Standard wird ein Internetzugriff auch auf mobilen Geräten ermöglicht. Die Reichweite beträgt ebenfalls etliche Kilometer. Die Datenrate ist im Gegensatz zum GSM Standard höher und beträgt theoretisch bis zu 170 kbit/s, in der Praxis werden ca. 50 kbit/s erreicht [94].

Die Nachteile der GSM/GPRS Verbindung liegen in der geringen Datenübertragungsrate, den Providergebühren und der geringen Netzabdeckung in ländlichen Gebieten. Die durch die Providergebühren verursachten Kosten von ca. 5-10 € pro Monat und Maschine sind nicht zu vernachlässigen [27].

Trotz der beschriebenen Nachteile besitzt GSM/GPRS einen wesentlichen Vorteil, sobald das Modem Netzanbindung hat, hat der Benutzer direkten Zugriff auf die Kommunikationsbox. Dies erleichtert Wartungsarbeiten und Funktionsüberprüfung enorm. Mit GSM/GPRS ist eine Fernwartung via Internet möglich.

In der LaSeKo-Kommunikationsbox wird das WISMO 218 Modem der Firma Wavecom verwendet. Als Kommunikationsschnittstelle zwischen dem Mikrocontroller und dem GSM/GPRS-Modem dient eine UART. Eine Beson-

5.1 Aufbau und Funktionsweise der Kommunikationsboxen

derheit besitzt dieses Modem, es muss explizit über einen PIN eingeschaltet werden. Dies geschieht, in dem der PB08 Pin des Mikrocontrollers auf Low gesetzt wird. Das Betriebssystem stellt einen GPIO-Treiber bereit. Um einen GPIO anzusprechen, muss er adressiert werden. Hierfür existieren Grundwerte der Ports, die zur Pinnummer addiert werden müssen. Die Grundwerte lauten für PortA = 0, PortB = 32, PortC = 64, PortD = 96 und PortE = 128. Exemplarisch ergibt sich für PB08 PortB Pinnummer 8 der GPIO Wert 40.

Das Einrichten und Setzen des GPIO kann mit einem C-Programm erfolgen, oder aber direkt aus der Shell-Konsole geschehen. Die benötigten Shell Befehle sind hier anschließend aufgelistet:

```
echo 40 > /sys/class/gpio/export
echo "high" > /sys/class/gpio/gpio40/direction
echo 0 > /sys/class/gpio/gpio/value
```

Der erste Befehl definiert den Pin, der angesprochen werden soll. Mit dem zweiten Befehl wird der Pin als Input oder Output deklariert und der dritte gibt die Ausgabevariable an, hier active low. Danach kann das GSM/GPRS-Modem über AT Befehle angesprochen werden. Für einen ersten Funktionstest wird mittels des *echo*-Befehls ein AT auf die UART-Schnittstelle gesendet und als Antwort ein OK erwartet. Hierzu muss auf der Konsole als erstes die Geschwindigkeit der UART eingestellt und die *echo* Funktion deaktiviert werden. Dies erfolgt mittels:

```
stty -F /dev/ttyS1 speed 115200 -echo
```

In einer weiteren Konsole wird mit dem Befehl `cat /dev/ttyS1` auf die Ausgabe der UART gewartet. Auf den Befehl `echo "AT" >> /dev/ttyS1` in der ersten Konsole antwortet das Modem in der zweiten Konsole mit einem OK. Antwortet das Modem, ist die Verbindung über die serielle Schnittstelle hergestellt und es kann mit dem AT-Befehlssatz gesteuert werden [107]. Für weitere Tests sollte die Pinabfrage der SIM-Karte deaktiviert werden. Das Modem wählt sich dann sofort nach dem Einschalten in das Mobilfunknetz ein. Ruft man dann die Mobilfunknummer der eingelegten SIM-Karte an, erscheint auf der Ausgabe der seriellen Schnittstelle ein `RING`. Die Verbindung vom Modem zu einem Telefonanschluss kann man mit dem Befehl `ADT0176XXXXXXXXXX` überprüfen [87]. Klingelt die angerufene Anschlussstelle, war der Test erfolgreich.

5 Systementwicklung und Aufbau

Der beschriebene Verbindungsaufbau erfolgt über den GSM-Standard. Da GPRS eine größere Datenrate und eine direkte Verbindung über das TCP/IP-Protokoll ins Internet ermöglicht, ist dieser Standard die bessere Wahl. Die Einwahl in das jeweilige Netz erfolgt dann mit dem Befehl:

```
echo "AT+cgdcont=1,"IP","APN"" >> /dev/ttyS1
```

Für die APN Variabel muss die entsprechende Webseite des Providers eingetragen werden.

5.1.6 Socket CAN Schnittstelle

Socket CAN ist ein OpenSource Projekt, das Hardwaretreiber und den Netzwerkstack des CAN-Buses unter Linux enthält. Es wurde maßgeblich von der Volkswagen AG mitentwickelt [65] und auf der Projektseite[17] wird der gesamte Quellcode bereitgestellt. Ab der Version 2.6.33 ist der Socket CAN im Linuxkernel enthalten. Dadurch musste er zum Kompilieren nur in der Kernelkonfiguration des Buildroots ausgewählt werden.

Als CAN-Controller wurde der MCP2510 von Microchip gewählt. In der Zukunft wird wahrscheinlich der Nachfolger der MCP2515 verwendet, da er mit einer SPI-Geschwindigkeit von bis zu 10 MHz bei einer Versorgungsspannung von 3,3 V angesprochen werden kann. Um den Chip unter Linux verwenden zu können, muss der MCP251X-Treiber in die Hardwareeinstellungen eingepflegt werden, dazu gehören die SPI, der externe Interrupt, die Quarzfrequenz und der verwendete Chip.

Gelang es alles korrekt einzutragen und zu kompilieren, stellt Linux nach dem Starten ein can0 Netzwerkdevice bereit. Um es zu verwenden, müssen natürlich noch die CAN-Bus Einstellungen vorgenommen werden. Dies kann auf zweierlei Art geschehen:

1. mit dem Programm *iproute2*, welches vorher gepatcht werden muss, oder

2. mit dem Softwarepaket *canutils* der Firma Pengutronix [10]

Die *canutils* sind die bessere Wahl, da das *iproute2* über 1 Mbyte Speicher benötigt und der Flashspeicher für das Filesystem nur 8 MByte bereitstellt und somit wertvoller Speicher für eine sehr geringe Funktion verschwendet wird.

---

[17] http://developer.berlios.de/projects/socketcan/

5.1 Aufbau und Funktionsweise der Kommunikationsboxen

Das CAN-Utilities Packet wird als autotool Projekt in das Buildroot eingebunden und kompiliert. Es wird lediglich noch die libsocketcan Bibliothek benötigt. Mit dem *canconfig* Programm können die Bitrate, Bittiming eingestellt werden und das CAN-Device gestartet werden. Wurde es erfolgreich gestartet steht ein CAN-Netzwerkgerät zu Verfügung. Die *canutils* enthalten noch weitere Programme wie z. B. *candump, canecho, cansend* und *cansequenz*. Mit *candump* können Logdateien des CAN-Bus Verkehrs aufgezeichnet werden. Diese Programme können zur Entwicklung eigener Anwendung heran gezogen werden und eine Implementierung ist ohne Probleme möglich.

Für Testzwecke wurde im LaSeKo-Projekt mit einem PCAN-USB gearbeitet. Dieser stellt ebenfalls über einen USB-Anschluss eine Socket-CAN Schnittstelle bereit. Die auf dem Laptop entwickelten Anwendungen mussten somit nur für die AVR32 Umgebung kompiliert werden und konnten ohne Änderungen übernommen werden. Warum dies ohne Probleme möglich ist, zeigt die Abbildung 5.12. Es ist zu erkennen, dass der Anwender über einen Socket auf den CAN-Bus zugreift. Dieses Ansprechen des Socket ist völlig unabhängig von der verwendeten Hardware.

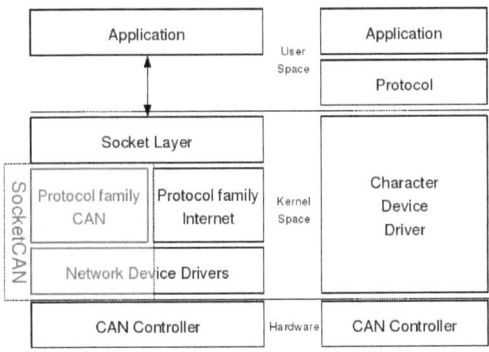

Abbildung 5.12: Schichtenmodel des Socket CAN im Linuxkernel [26]

ISOBUS 11783 und SAE J 1939 Schnittstellen

Für landwirtschaftliche Maschinen insbesondere Traktoren wurde der ISOBUS (ISO 11783) als Standard definiert. Er baut auf die SAE J1939 auf, diese ist für den Antriebsstrang von Nutzfahrzeugen vorgesehen. Auf die Informationen,

5 Systementwicklung und Aufbau

die in der SAE J1939 aufgeführt sind, kann bei allen modernen Landmaschinen zugegriffen werden. In der SAE J1939-71 sind alle wesentlichen für die Motorsteuerung benötigten Nachrichten zusammengefasst. Alle zur Motorsteuerung relevanten Nachrichten werden zyklisch übertragen. Die Länge der Zyklen kann fest zwischen 10 ms und 5 s liegen oder sich nach der Motordrehzahl richten. Nicht zyklisch benötigte Daten, wie beispielsweise die Motorbetriebsstunden oder der Tankfüllstand, müssen angefordert werden. Hierfür wird eine SAE-spezifische Anforderungsnachricht verwendet [35]. Da die Kommunikationsbox den Busverkehr nur mitloggen und nicht aktiv in die Kommunikation eingreifen soll, können nicht alle Informationen sofort bereit gestellt werden.

Der ISOBUS 11783 wurde für die Kommunikation zwischen einem Anbaugerät und dem Traktor entwickelt und stellt somit weit mehr Informationen zu Verfügung. Bei der neuesten Erweiterung des ISOBUS (Teil 10) wird die herstellerübergreifende Dokumentation aller Arbeitsschritte auf dem Feld definiert und der Datenaustausch zum Hof-PC [37]. Für den normierten Datenaustausch ist eine ISOBUS-XML Struktur vorhanden. Diese Struktur wird als Vorlage zur Datenübertragung vom Mähdrescher bis zum Hof-PC verwendet und wird genauer in Kapitel 5.1.12 beschrieben.

Die beiden Standards ISOBUS 11783 und SAE J 1939 verwenden eine Busgeschwindigkeit von 250 kBit/s. Diese ist für aktuelle Anwendungen zu gering. Deshalb wird an der Einführung der physikalischen Schicht mit einer Übertragungsrate von 500 kbit/s in die SAE J1939 gearbeitet [59]. Bei einer Änderung der Übertragungsrate muss lediglich die Busgeschwindigkeit auf der Kommunikationsbox mittels *canconfig* angepasst werden.

5.1.7 Real Time Clock

Für eine genaue Dokumentation der Prozesse wird ein exakter Zeitstempel benötigt. Die genaue Uhrzeit kann über das GPS-Signal erfasst werden. Da nach dem Bootvorgang einige Minuten verstreichen können bis die aktuelle Zeit über das GPS-Signal empfangen werden kann, wird die Systemzeit aus einer Real Time Clock[18] (RTC) abgefragt. Eine RTC ist eine Uhr, die die Zeit nach dem Herunterfahren des Systems beibehält und fortschreibt. Somit steht sofort nach dem Systemstart die aktuelle Uhrzeit als Systemzeit zur Verfügung.

Als Echtzeituhr in der Kommunikationsbox wurde der PCF8563 RTC-Chip

---

[18] deutsch: Echtzeituhr

5.1 Aufbau und Funktionsweise der Kommunikationsboxen

verwendet. Dieser wird über den I^{2}C an den Mikrocontroller angebunden. Hierfür müssen die Kerneltreiber des I^{2}C-Busses und der Kerneltreiber des PCF8563 ausgewählt und in die Hardwareeinstellungen eingetragen werden. Nach erfolgreichem Einbinden steht die Echtzeituhr unter der Gerätedatei */dev/rtc0* zur Verfügung. In den Treibereinstellungen kann noch ausgewählt werden, dass nach dem Systemstart die Zeit der RTC abgefragt und automatisch als Systemzeit gesetzt wird.

Mit dem Programm *hwclock* kann die Echtzeituhr gestellt oder abgefragt werden. Die RTC ist aufgrund der Abweichungen des Quarzes ungenau. Um diesen Fehler zu kompensieren, wird bei jedem Herunterfahren des Betriebssystems die Echtzeituhr mittels *hwclock* nach der aktuellen GPS-Zeit gestellt. Somit ist die Abweichung der Systemzeit von der tatsächlichen Zeit sehr gering.

Um die Zeit in der RTC beizubehalten, darf sie eine Spannung von 1 V nicht unterschreiten. Aus diesem Grund muss sie mit einem Kondensator gepuffert werden. Als Mindestanforderung wurde die Fortschreibung der Zeit für mindestens zwei Wochen definiert. Dies wurde anhand der Messreihe in Abbildung 5.13 nachgewiesen [56].

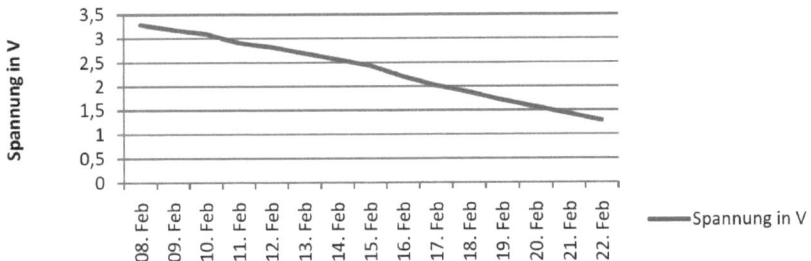

Abbildung 5.13: Zeitlicher Verlauf der RTC-Versorgungsspannung [56]

5.1.8 GPS Deamon und NTP Zeitsynchronisierung

Die Positionserfassung erfolgt durch einen Jupiter32 GPS Chip mit SIRFStar III Technologie. Der Jupiter32 gibt über eine serielle Schnittstelle die National Marine Electronics Association (NMEA)Daten aus oder über eine zweite serielle Schnittstelle die Positionsdaten im Sirf-Datenformat. Mit dem Jumper JP1 kann auf dem Trägerboard das gewünschte Datenformat gewählt werden.

5 Systementwicklung und Aufbau

Tabelle 5.2: Inhalt des GPRMC-Datensatzes [22]

Symbol	Bedeutung
HHMMSS	Zeit (UTC)
A	Status (A für OK, V bei Warnungen)
BBBB.BBBB	Breitengrad
b	Ausrichtung (N für North, nördlich; S für South, südlich)
LLLLL.LLLL	Längengrad
l	Ausrichtung (E für East, östlich; W für West, westlich)
GG.G	Geschwindigkeit über Grund in Knoten
RR.R	Kurs über Grund in Grad bezogen auf geogr. Nord
DDMMYY	Datum (Tag Monat Jahr)
M.M	magnetische Abweichung (Ortsmissweisung)
m	Vorzeichen der Abweichung (E oder W)
F	Signalintegrität
PP	hexadezimale Darstellung der Prüfsumme

Die NMEA Daten sind ASCI-basierte Zeichenketten mit bis zu 80 Zeichen.
Der Jupiter32 gibt standardmäßig sechs unterschiedliche Datenformate der NMEA aus und zwar *GPRMC*, *GPGSV*, *GPVTG*, *GPGGA*, *GPGLL* und *GPGSA*. Der Global Position Recommended Minimum Sentence C (GPRMC) ist der Datensatz, den ein GPS-Empfänger nach der NMEA mindestens ausgeben muss [36]. Ein detaillierter Inhalt des GPRMC-Datensatzes ist in der Tabelle 5.2 aufgelistet. Die Ausgabe sieht wie folgt aus:

```
$GPRMC,162614,A,5230.5900,N,01322.3900,E,10.0,90.0,131006,
1.2,E,A*13
$GPRMC,HHMMSS,A,BBBB.BBBB,b,LLLLL.LLLL,l,GG.G,RR.R,DDMMYY,
M.M,m,F*PP
```

Mit Hilfe eines kleinen Terminalprogramms können die GPS-Daten von der seriellen Schnittstelle ausgelesen und weiter verarbeitet werden [62]. Die GPRMC-Zeichenkette enthält alle benötigten Informationen; die Position, die Geschwindigkeit und die Zeit (UTC). Doch diese Vorgehensweise ist relativ aufwändig und fehleranfällig. Aus diesem Grund wurde ein GPS-Deamon (GPSD)

5.1 Aufbau und Funktionsweise der Kommunikationsboxen

entwickelt. Das Programm wertet die NMEA-Daten aus und stellt die Informationen über einen Socket bereit.

Um den GPSD zu verwenden, muss das entsprechende Paket im Buildroot integriert werden. Hierfür mussten, wie in Kapitel 5.1.2 beschrieben, die entsprechenden Konfigurationsdateien und Makefiles angepasst werden. Durch die hardwareunabhängige Nutzung der Schnittstelle des Sockets können die entwickelten Applikationen ohne Änderungen auch in einer anderen Hardwareumgebung eingesetzt werden.

Der GPSD kann auch zur Synchronisation der Systemzeit mit der GPS-Zeit verwendet werden. Dies erfolgt durch den Network Time Protocol Deamon (NTPD). Eigentlich synchronisiert der NTPD die Systemzeit durch Server im Internet. Der GPSD stellt dem NTPD über eine simulierte Serververbindung die GPS-Zeit bereit, für NTPD ist es lediglich ein Referenzserver. Leider darf die Zeitdifferenz nicht größer als eine Minute sein. Deshalb muss die Systemzeit entweder über eine Netzwerkverbindung einmal synchronisiert werden oder mit dem Befehl *date* manuell gesetzt werden. Ist dies geschehen, wird die aktuelle Systemzeit beim Stoppen des Betriebssystems in der RTC gespeichert und fortgeführt. Nach dem Starten steht die aktuelle Systemzeit wieder bereit und wird nur geringfügig abweichen und kann dann mit dem NTPD wieder synchronisiert werden.

Die Funktion des NTPD kann mit der Eingabe *ntpq − p* überprüft werden. Durch den Befehl *ntpq* wird die Differenz zwischen der lokalen Systemzeit und den Referenz Serverzeiten ausgegeben, diese sollte möglichst gering sein. Eine Synchronisierung beider Zeiten benötigt einige Minuten und ist dann auch erst mit *ntpq* nachweisbar [69].

5.1.9 Boardsteuerung

Die Boardsteuerung dient der Überwachung und Steuerung aller elektronischen Funktionen auf dem Board. Sie erfasst alle Versorgungsspannungen auf dem Board und gewährleistet dadurch eine sichere Funktion. Als Mikrocontroller wurde der Attiny84, ein 8-Bit Controller von Atmel, gewählt. Dieser hat einen 8 kbyte großen internen Flashspeicher, in dem der Programmcode abgelegt wird.

Für die Erstellung der Firmware wurde auf die Firmware des ATNGW100 zurückgegriffen [6]. Diese beinhaltet einen Power Management Bus (PMBus)

5 Systementwicklung und Aufbau

Tabelle 5.3: Zustände der Boardsteuerung auf dem Trägerboard [77]

Zustand	Bedeutung
BC_Reset	Initialzustand
BC_ON	Boardsteuerung aktiv
P_ACTIVE	Boardaktivierung
P_ON	Stromversorgung ein
P_GOOD_ALL	Alle Boardspannungen OK
BOARD_RESET	Alle Boardkomponenten zurücksetzen
BOARD_RUN	Betriebssystem läuft
BOARD_SHUTDOWN	Betriebssystem fährt herunter

und wurde durch einen endlichen Zustandsautomaten erweitert [56]. Die einzelnen Zustände sind in Tabelle 5.3 aufgeführt. Der PM-Bus dient zur Kommunikation zwischen der Spannungsversorgung, Spannungsreglern und dem Mikrocontroller. Er basiert auf dem I^{2}C Bus und stellt einen Befehlssatz zur Energieregelung bereit.

Über die Eingänge des Atiny84 werden die drei bereit gestellten Spannungen 1,8 V, 3,3 V und 5 V ständig überwacht. Sobald alle Spannungen anliegen, könnte das Betriebssystem gestartet werden. Die Kommunikationsbox wird über die Batteriespannung der Maschinen mit Spannung versorgt. Das Signal zum Hochfahren des Betriebssystems ist die Zündspannung. Diese wird über einen zusätzlichen Eingang des Atiny84 abgefragt. Sobald an diesem Schaltkontakt eine Spannung anliegt, wird das Board mit Hilfe des BOARD_RESET gestartet. Arbeitet das Betriebssystem, wird über den PMBus eine Nachricht gesendet und auf BOARD_RUN gewechselt. Nach dem Ausschalten der Zündung sendet die Boardsteuerung einen externen Interrupt (EXTINT3) an das Betriebssystem, das eine Interruptroutine auslöst und herunterfährt. Hierfür muss dem Embedded Linux mindestens 15 Sekunden eingeräumt werden, um Inkonsistenzen im Filesystem zu vermeiden. Danach kann die Boardsteuerung alle Boardspannungen zurücksetzen. Falls die Batteriespannung der Maschine ausfällt, ist eine Versorgung der Trägerboards für ca. 30 Sekunden über Kondensatoren gewährleistet. Somit ist im Falle einer Fehlfunktion der Maschine trotzdem ein kontrolliertes Stoppen des Betriebssystems möglich.

Die Boardsteuerung für die Erntesaison 2010 erfasste lediglich die Zündspan-

5.1 Aufbau und Funktionsweise der Kommunikationsboxen

nung der Maschine. Insofern wurde durch das Einschalten der Zündung das Trägerboard resetet und somit das Embedded Linux hochgefahren. Nachdem Ausschalten der Zündung wurde es kontrolliert herunter gefahren. Das Signal für das Herunterfahren des Betriebssystems wurde durch das externe Interrupt (EXTINT3) an den AP7000 geleitet.

Um die entwickelte Firmware auf den Mikrocontroller zu übertragen, musste sie vorher kompiliert werden. Unter Linux werden dafür folgende Pakete benötigt:

- AVR C Compiler (avr-gcc)
- AVR Binutils (avr-binutils)
- AVR C Bibliothek (avr-clibc)

Das Makefile erzeugt aus der Boardsteuerungssoftware den ausführbaren Maschinencode im Hex-Format. Im Makefile müssen der Prozessortyp und die symbolischen Links zu den beiden Programmen $avr - gcc$ und $avr - objcopy$ gegebenenfalls angepasst werden. Danach steht nach der Eingabe von $make$ das ausführbare Hex-File zur Verfügung.

Um die Binärdatei auf den Mikrocontroller zu übertragen, werden Programmieradapter benötigt. Der einfachste ist der DAPA-Programmieradapter. Dieser ist nur ein einfaches fünfadriges Kabel, das die parallele Schnittstelle des PC verwendet und direkt an die SPI-Programmierschnittstelle des Mikrocontrollers angeschlossen wird. Falls keine parallele Schnittstelle zur Verfügung steht, bietet Firma Atmel einen ISP-Programmieradapter, der über Universal Serial Bus (USB) angeschlossen wird.

Das Übertragen des Programmcodes auf den Mikrocontroller erfolgt dann mit dem Kommando:

```
avrdude -p t84 -c dapa -v -U flash:w:boardsteuerung.hex
```

Mittels Kondensatoren auf dem Trägerboard wird die Spannungsversorgung der Boardsteuerung ebenfalls gepuffert. Fällt die Versorgungsspannung des Attiny84 unter den definierten Wert, wird der Mikrocontroller gestoppt. Dieses Verfahren nennt sich Brown Out Detection (BOD). Mit Hilfe das BOD kann der Mikrocontroller niemals in einen undefinierten Zustand gelangen. Das BOD muss in den Fuse Bytes gesetzt werden. Fuse Bytes sind Bytes, die zur Steuerung von Mikrocontrollern verwendet werden und nicht durch

5 Systementwicklung und Aufbau

Software verändert werden können. Beim Setzen der Fuse Bytes muss gewissenhaft gearbeitet werden, da Fehler hier irreversibel sind und der Mikrocontroller dadurch unbrauchbar wird. Denn mit den Fuse Bytes kann u. a. die Programmierschnittstelle deaktiviert werden und der Zugriff ist dann nicht mehr ausführbar.

Beim Attiny84 wird die BOD im Fuse High Byte gesetzt. Die ersten drei Bits des High Byte definieren die Grenze der Spannung, die nicht unterschritten werden darf. Diese sind abhängig von der Versorgungsspannung. Die Fuse Bits werden bei einer Versorgungsspannung von 5 V mit *avrdude* und folgendem Befehl gesetzt:

```
avrdude -p t84 -c dapa -v -U hfuse:w:0x04:m
```

5.1.10 Hardware der LaSeKo-Box

Die Abbildung 5.14 zeigt das Trägerboard und das Mainboard der LaSeKo-Box, die beide von der Firma LogicWay entwickelt wurden. Auf dem Mainboard sind Mikrocontroller, RAM-Speicher, Flashspeicher und eine JTAG-Schnittstelle integriert. Die JTAG-Schnittstelle wird für die Übertragung des Bootloaders auf das Mainboard benötigt. Über einen SO-DIMM-Sockel wird das Mainboard dann mit dem Trägerboard verbunden.

Die rasante Entwicklung bei Speicherbausteinen und Prozessoren hat zur Folge, dass immer kostengünstigere und leistungsstärkere Hardware zu Verfügung steht. Die Verwendung einer SO-DIMM- Schnittstelle zwischen dem Trägerboard und dem Mainboard erlaubt eine einfache Erhöhung der Speicher- und Rechenkapazität durch Austausch des Mainboards. Da sich die Maschinenschnittstellen der Abbildung 5.1 in naher Zukunft nicht verändern werden, kann das Trägerboard weiterverwendet und somit Kosten eingespart werden.

5.1.11 Entwicklung eigener Applikationen für die LaSeKo-Box

Nachdem das Emdedded Linux Filesystem auf der LaSeKo-Box zur Verfügung steht und alle benötigten Schnittstellen integriert sind, können eigene Applikationen entwickelt werden. Wie in Kapitel 5.1.2 beschrieben, reicht die Rechenkapazität nicht aus, um die entwickelte Software auf der Kommunikationsbox zu kompilieren. Deshalb muss auf dem Hostrechner die Applikationssoftware ebenfalls cross-kompiliert werden.

5.1 Aufbau und Funktionsweise der Kommunikationsboxen

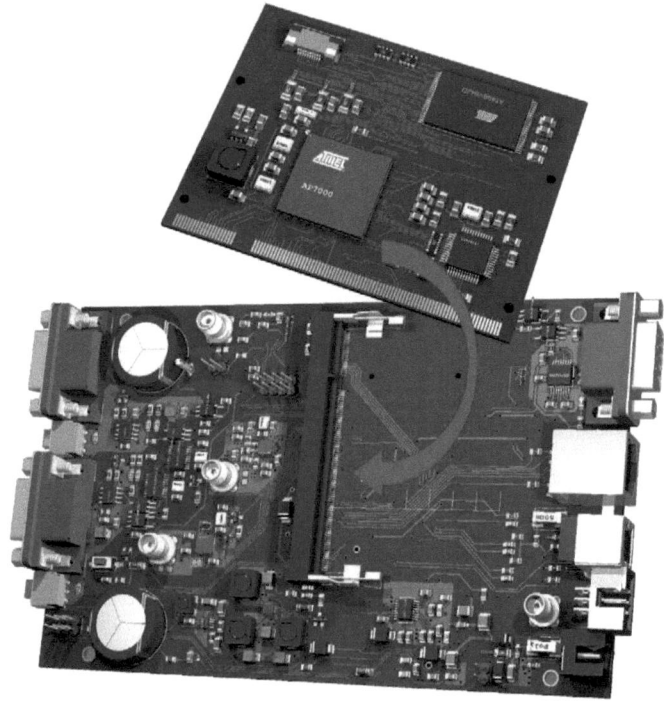

Abbildung 5.14: Träger- und Mainboard der Kommunikationsbox [14] [15]

Die Applikationen können mit dem AVR32 Studio entwickelt werden. Dies ist die bereit gestellte Entwicklungsumgebung von Atmel [3]. Bei der Entwicklung mit dem AVR32 Studio ergaben sich oft Probleme beim Einbinden von zusätzlichen Treibern oder Bibliotheken. Aus diesem Grund wurde mit dem Programm *make* auf den Cross Compiler direkt zurückgegriffen. Dieser wurde für die Erstellung des File Systems schon benötigt und ist demgemäß schon in der Buildrootumgebung enthalten. Da im Buildroot alle zusätzlich benötigten Treiber und Bibliotheken integriert sind, stehen diese dem Cross Compiler zur Verfügung und werden beim Kompilieren der Anwendungssoftware automatisch erkannt und verlinkt.

Das Programm *make* dient in der Softwareprogrammierung zur Erstellung eines ausführbaren Programms aus dem Quellcode. Hierfür sind mehrere Schritte nötig, wie z. B. Übersetzung, Linken, Dateien kopieren etc. [80]. Das

5 Systementwicklung und Aufbau

make liest das sogenannte *Makefile* ein. Dieses muss sich in dem jeweiligen Projektordner befinden. In dem Makefile sind alle benötigten Befehle, Links, Pfade und Optionen enthalten. Für die entwickelten Beispielprogramme wurde jeweils ein *Makefile* angelegt. Hierdurch wird die Erstellung von Anwendersoftware wesentlich erleichtert.

Da fast ausnahmslos alle Anwendungssoftware auf der LaSeKo-Box autonom nach dem Hochfahren des Betriebssystems gestartet werden sollen, müssen es Daemon[19] Programme sein. Ein Daemon ist unter Linux und Unix ein Programm, das im Hintergrund arbeitet und bestimmte Aufgaben erfüllt. Es ist ohne weiteres möglich, ein normales Programm in ein Daemonprogramm umzuwandeln [67].

Die Daemonprogramme müssen nach dem Systemstart automatisch aufgerufen und vor dem Herunterfahren des Betriebssystems gestoppt werden. Hierfür wird unter Linux der *start − stop − daemon* verwendet. Der Aufruf des *start − stop − daemon* erfolgt mit Shell-Skripten, die in dem Order */etc/init.d* liegen müssen. Es gibt zwei Arten von Skripten die Start- und die Kill-Skripte. Die Start-Skripte werden mit einem S und einer Zahl benannt z. B. S49. Da mehrere Start-Skripte im *init.d* Ordner vorhanden sind, gibt die Zahl die Reihenfolge der Abarbeitung an. Ähnlich verhält es sich bei den Stop-Skripten; diese werden mit einem K (Kill) und einer Zahl benannt.

Für die Anwendungen der LaSeKo-Box wurden Start-Skripte für die Initialisierung der CAN-Schnittstellen, Funkschnittstellen und der Applikation geschrieben. Ferner wurden Kill-Skripte für die CAN- und Funkschnittstellen geschrieben. Ein weiteres Kill-Skript setzt die aktuelle Systemzeit unter Verwendung des *hwclock* Befehls die RTC-Zeit.

5.1.12 Datenaustausch zwischen den Kommunikations-Boxen und dem Server

Die aufgezeichneten Maschinendaten müssen zur Auswertung und Dokumentation auf einem zentralen Server oder einem Hofserver gespeichert werden. Um Speicher- und Übertragungskapazitäten einzusparen, werden nicht alle Maschinendaten übertragen, sondern diese Daten analysiert und in einem lesbaren Format abgespeichert. Es wurde das XML Format gewählt. In der Erntesaison war das aufkommende Datenvolumen nicht bekannt. Deshalb wurde eine eige-

---

[19] deutsch: Dämon

5.1 Aufbau und Funktionsweise der Kommunikationsboxen

ne LaSeKo-XML Struktur entwickelt, um eine möglichst hohe Komprimierung der Daten zu erreichen.

Vorab wurde das Deklarieren des Dateinamens festgelegt. Hier wurde darauf geachtet, dass jede Datei auch eindeutig zugeordnet werden kann. Deshalb sind in der Tabelle 5.4 die Informationen, die die Dateinamen enthalten, aufgeführt.

Tabelle 5.4: Enthaltenen Informationen in den Dateinamen der LaSeKo-XML Daten

Bezeichnung	Bedeutung	Beispiel
datapackage ID	Datenpaketnummer(5 Stellen)	00029
machine ID	Maschinennummer	W650
LaSeKo-Box ID	LaSeKo-Boxnummer (3 Stellen)	004
Farm ID	Namen des Betriebes	Seydaland
YYYY	Jahr	2009
Aufzeichnungsstart		
MM	Monat	08
dd	Tag	28
hh	Stunde	14
mm	Minuten	37
ss	Sekunden	59
Aufzeichnungsstop		
MM	Monat	08
dd	Tag	28
hh	Stunden	14
mm	Minuten	57
ss	Sekunden	35

Für eine genaue Dokumentation müssen nicht immer alle Daten mit der gleichen Aufzeichnungsperiode gespeichert werden. Aus diesem Grund wurden Daten in fünf Datensätze aufgeteilt:

- den erntespezifischen Maschinendaten,
- die ernterelevanten Maschineneinstellungen,
- den benötigten Daten eines Überladevorgangs,

5 Systementwicklung und Aufbau

- den Maschinenzustandsdaten und

- der Fahrererkennung.

Die Aufteilung der ernterelevanten Daten und deren Bedeutung sind in der Tabelle 5.5, die benötigten Daten zur Dokumentation eines Überladevorgangs in der Tabelle 5.6 und die Fahrer- und Maschinendaten in der Tabelle 5.7 aufgelistet.

Tabelle 5.5: Ernterelevante XML-Datensätze

Bezeichnung	Bedeutung
erntespezifischen Maschinendaten	
position	GPS Position nach NMEA
speed	Geschwindigkeit der Maschine am Rad
massflow	aktueller Massenfluss am Durchflusssensor
grain_loss_shoe_l	aktuelle Kornverlustmessung Sensor 1
grain_loss_sheo_r	aktuelle Kornverlustmessung Sensor 2
grain_loss_sep_l	aktuelle Kornverlustmessung Sensor 3
grain_loss_sep_r	aktuelle Kornverlustmessung Sensor 4
grain_loss_cal	Kalibrierwert für die Kornverlustmessung
moisture	aktuelle Feuchte
Ernte relevante Maschineneinstellung	
position	GPS Position nach NMEA
header_engaged	Schneidwerk ein/aus
header_width	Schneidwerksbreite
header_height	Schneidwerkshöhe
ahc	Autokontur ein/aus
header_tilt_angle	Neigungswinkel Schneidwerk
thresher_speed	Dreschtrommeldrehzahl
thresher_clearance	Dreschtrommelabstand
cleaning_fan_speed	Reinigungsgebläse Drehzahl
sieve_pos	Siebabstand
chaffer_pos	Abstand Reinigungseinrichtung
grain_tank_70	Korntank 70%
grain_tank_100	Korntank voll

Tabelle 5.6: XML-Datensatz Überladevorgang

Bezeichnung	Bedeutung
Überladevorgang	
start_time	Zeit beim Einschalten der Abtankschnecke
start_position	Position beim Einschalten der Abtankschnecke
stop_time	Zeit beim Ausschalten der Abtankschnecke
stop_position	Position beim Ausschalten der Abtankschnecke
source_id	die ID des Objektes, das das Korn ablädt
recipient_id	ID des annehmenden Objektes
crop_weight	überladenes Korngewicht (Differenz des Massenfluss)
typ_of_crop	Fruchtart

Die Aufzeichnung erfolgt bei allen Parametern zeitgesteuert, außer beim Überladevorgang und der Fahrerregistrierung. Folglich erhalten alle erzeugten Datensätze einen genauen Zeitstempel. Die Aufzeichnungsrate kann für jeden Datensatz separat definiert werden.

Das LaSeKo-XML Datenformat ist proprietär und nicht kompatibel mit anderen Schlagkarteien. Deshalb wurde nach der Veröffentlichung der ISO 11783-10 daran gearbeitet, die ISOBUS-Norm umzusetzen. Aber wie in Kapitel 5.1.6, sind nicht alle benötigten Daten in der Norm enthalten. Dennoch wurde die Struktur umgesetzt und die enthaltenen Daten nach den Vorgaben benannt.

Für beide XML Formate, das LaSeKo-XML und das ISOBUS-XML, muss für eine einfache Erstellung der XML-Dateien eine Bibliothek im Buildroot Menü ausgewählt werden. Gegenwärtig wurde sich für die Programmbibliothek *libxml2* entschieden. Diese dient zum Parsen von XML Daten. Das *libxml2* Paket kann auch als XML-Parser bezeichnet werden. Ein Parser hat die Aufgabe, Daten zu zerlegen, zu analysieren und in ein verwendbares Format umzuwandeln. Es wäre auch möglich, XML-Dateien ohne eine solche XML Bibliothek zu erstellen, aber sie reduziert den Aufwand der Entwicklung enorm und die Fehleranfälligkeit ist wesentlich geringer [74].

5.2 John Deere Gateway

Selbstfahrende Erntemaschinen wie Feldhäcksler und Mähdrescher sind autonome Maschinen, die nicht mit Anbaugeräten anderer Hersteller kommuni-

5 Systementwicklung und Aufbau

Tabelle 5.7: Fahrer- und Maschinendatensätze

Bezeichnung	Bedeutung
erntespezifischen Maschinendaten	
position	GPS Position nach NMEA
ignition_on	Zündung an
engine_on	Motor an
machine_typ	Maschinentyp
engine_hours	Betriebsstunden
fuel_consumption	aktueller Kraftstoffverbrauch
road_field_mode	Straße- oder Feldmodus
speed	Geschwindigkeit der Maschine am Rad
engine_speed	Motordrehzahl
engine_torque	Motordrehmoment
engine_coolant_temp	Kühlwassertemperatur
engine_fuel_temp	Dieseltemperatur
engine_oil_temp	Motoröltemperatur
fuel_level	Füllstand Kraftstofftank
engine_oil_pressure	Öldruck Motor
hyd_oil_temp	Hydrauliköltemperatur im Öltank
gear_oil_temp	Öltemperatur im Getriebe
speed_gps	Geschwindigkeit über GPS bestimmt
Fahrerdaten	
position	GPS Position nach NMEA
action	An- oder Abmeldung auf der LaSeKo-Box
id	Name des Fahres

zieren müssen. Aus diesem Grund sind nicht alle dokumentationsrelevanten Maschinen- und Prozessdaten in der ISO 11783 enthalten. An der Integration dieser Information wird in der Agricultural Industry Electronics Foundation (AEF) gearbeitet. Zu diesem Zweck stellte der Projektpartner, das John Deere European Technology Innovation Center, ein Gateway zur Verfügung. Das Gateway stellt die Schnittstelle zum CAN-Bus des Mähdreschers bereit.

Die LaSeKo-Box sollte am Anfang ihrer Entwicklungsphase direkt auf den Mähdreschern in der Ernte integriert werden, wodurch eine eventuelle Fehlfunktion nicht ausgeschlossen werden konnte. Mit Hilfe des Gateways ist die Integrität des Busverkehrs immer gegeben, denn das Gateway verfügt über zwei CAN-Bus Schnittstellen. Eine ist für die Kommunikation mit dem Mähdrescher vorgesehen und mit der zweiten wird ein separater LaSeKo-CAN-Bus aufgebaut. Dadurch waren beide CAN-Busse vollkommen entkoppelt und es konnte sichergestellt werden, dass eine Fehlfunktion der Kommunikationsbox keinen Einfluss auf die Funktionsweise der Erntemaschinen hat. Durch die Verwendung von John Deere Steuergeräten sowie Kommunikations- und Treibersoftware, war eine sichere Funktionsweise des Gateways gegeben.

Ein weiterer wichtiger Grund für die Gateway-Lösung war, dass die Informationen des Mähdrescher CAN-Busses seitens John Deere nicht offengelegt werden mussten. Denn auf allen selbstfahrenden Erntemaschinen werden herstellerspezifische Adressierungen und Datendeklarierungen der CAN-Businformationen verwendet.

In einer sehr frühen Projektphase wurden die benötigten Maschineninformationen in enger Zusammenarbeit aller Projektpartner, aufgrund der Ergebnisse der Fragebogenauswertung aus Kapitel 2.3 und anhand vorhandener Dokumentationssysteme wie z. B. CLAAS Telematics [51] festgelegt. In der Erntesaison 2009 wurden Maschinen unterschiedlicher Baureihen und Baujahre ausgewählt. Dies ergab sehr große Unterschiede in den Bussystemarchitekturen und der zur Verfügung stehenden Informationen. Auch hier wurden diese Unterschiede schon im John Deere Gateway kompensiert und hatten somit keine Folgen für die LaSeKo-Box. In der darauf folgenden Erntesaison 2010 wurden ausschließlich Maschinen ab dem Baujahr 2009 mit einem Gateway ausgestattet, da nur auf diesen modernen Maschinen alle Informationen zur Verfügung standen.

5.3 Datenserver

Die im Maschinennetzwerk erfassten Daten müssen in einer gemeinsamen Datenbank gespeichert werden. Hierfür wird ein Datenserver benötigt, der eine Datenbank und Werkzeuge zur Analyse sowie Dokumentation dieser Daten bereitstellt. Als Gateway wird eine LaSeKo-Box verwendet. Die Daten werden über die Nahbereichsfunkstellen auf dem Hof aufgezeichnet und gespeichert. Über die Ethernet-Schnittstelle kann dann der Datenserver auf die LaSeKo-Box zugreifen und die Daten abrufen. Hierfür muss die Kommunikationsbox in

5 Systementwicklung und Aufbau

einem LAN eingebunden sein. Dem Datenserver muss lediglich die IP-Adresse bekannt sein. Über einen gesicherten Zugang ruft der Datenserver dann die Datenpakete auf der LaSeKo-Box mittels des Secure Copy (SCP) Protokolls ab. Im Rahmen des LaSeKo-Projektes entwickelte die SimPlan AG den Datenserver, insbesondere die Datenbankstruktur und die Applikationen.

Ein Datenserver kann dezentral im lokalen Hofnetzwerk eingebunden werden. Dies hat den Vorteil, dass nur der Landwirt auf die Daten Zugriff hat. Dagegen sind die Ausfallsicherheit und das Risiko eines Datenverlustes relativ groß. An dieser Stelle muss mit Backupsystemen gearbeitet werden. Weiterhin besteht ein relativ großer Wartungsaufwand für den Landwirt.

Die zweite Variante wäre ein zentraler Datenserver in einem Rechenzentrum. Hier gibt es nahezu keinen Wartungsaufwand für den Landwirt und das Risiko eines Datenverlustes ist sehr gering, da solche Server mehrfach abgesichert sind. Es muss aber berücksichtigt werden, dass die Skepsis der Landwirte gegenüber einem zentralen Server des jeweiligen Herstellers sehr groß ist. Deshalb muss eine absolute Datenhoheit der Landwirte und Lohnunternehmer sichergestellt werden. Es sollte daher ein Server eines Drittanbieters verwendet werden und die Zugriffsberechtigung vertraglich genau geregelt sein, um die Bedenken zu beseitigen und die Datensicherheit zu gewährleisten [96].

5.3.1 Datenbank

Zur Speicherung der Datensätze wird eine Datenbank verwendet. Datenbanken haben die Aufgabe, große Datenmengen zu speichern und einen schnellen Zugriff zu ermöglichen. Die Auswahl an Datenbanken ist relativ groß, deshalb mussten zuerst die Anforderungen festgelegt werden. Zu den Anforderungen gehören:

- keine Lizenzkosten

- Speicherung georeferenzierten Daten

- professioneller Support

- uneingeschränkte Datenbankgröße

Die Wahl der SimPlan AG fiel auf das Datenbankmanagementsystem PostgreSQL, da diese der Berkeley Software Distribution - Lizenz unterliegt und

5.3 Datenserver

somit keine Lizenzgebühren anfallen [95]. Weiterhin ist PostgreSQL durch die Erweiterung PostGIS besonders für die Speicherung von georeferenzierten Daten geeignet. PostGIS ist ein freies geografisches Informationssystem und es werden die gleichen Werkzeuge wie für PostgreSQL verwendet. Da alle Informationen eines landwirtschaftlichen Dokumentationssystems für die Ernte georeferenziert sind, erleichtern PostGIS und PostgreSQL die Entwicklung wesentlich.

Datenbankstruktur

Für die benötigten Funktionen muss eine Datenbankstruktur entworfen werden. Die LaSeKo-Datenbankstruktur besteht aus 11 Tabellen und ist in der Abbildung 5.15 dargestellt.

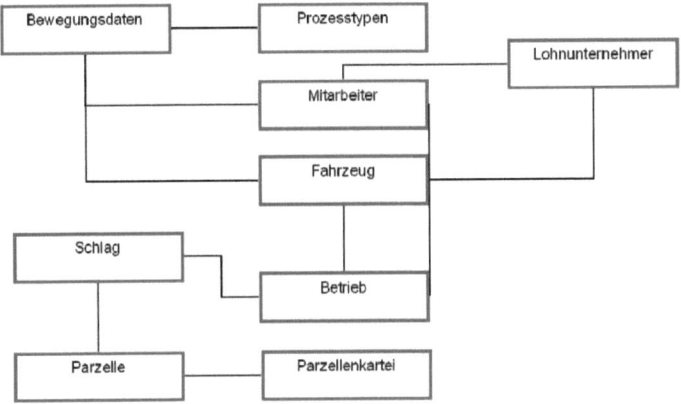

Abbildung 5.15: Schematische Darstellung des Datenbankentwurfs [57]

In der Tabelle „Bewegungsdaten" sind alle Maschinendaten enthalten. Eine eindeutige Zuordnung der Einträge erfolgt über den Zeitpunkt, das Fahrzeug und den Mitarbeiter. Außerdem sind in dieser Tabelle die Informationen aller Überladevorgänge enthalten. Diese Informationen werden für die Rückverfolgbarkeit des Getreides unbedingt benötigt. Für die Visualisierung des Prozesses werden zusätzlich zu den Positionsdaten auch Geschwindigkeiten und Maschinenzustände in dieser Tabelle hinterlegt [57].

Die Tabelle Prozesstypen enthält die Definition der Prozesse wie z. B. Ernte,

5 Systementwicklung und Aufbau

Transport, Düngen, Saat, usw. Jeder Eintrag der Bewegungsdaten enthält den jeweiligen Prozesstyp.

Unter Fahrzeug wird die Fahrzeugflotte verwaltet. Es werden:

- die Fahrzeug-ID,
- der zugehörige Betrieb,
- die Maschinenart und
- alle benötigten Maschinenparameter (z. B. Leistung, Wartungsintervalle, Schneidwerksbreite, Anzahl Anhänger usw.)

gespeichert.

Im Projekt LaSeKo wurden keine Lohnunternehmer berücksichtigt. Im Interesse der Erweiterbarkeit des Systems wurden jedoch eine eindeutige ID und die Bezeichnung für Lohnunternehmer hinterlegt. Ein Mitarbeiter ist eindeutig durch seinen Namen und wird einem Betrieb oder einem Lohnunternehmer zugeordnet. Die Tabelle Betrieb enthält Informationen zu den landwirtschaftlichen Betrieben wie z. B. die Bezeichnung, die zugehörigen Schläge und Geodaten.

Unter Schlag sind alle Schläge hinterlegt. Ein Schlag muss immer einem Betrieb zugeordnet werden und enthält noch eine Bezeichnung und als Geodaten die Ränder des Schlages als Polygon. Da Schläge in kleinere Bereiche aufgeteilt werden, werden diese als Parzelle bezeichnet und ebenfalls über die Geodaten definiert. Demgemäß ist eine Parzelle auch immer einem Schlag zugeordnet. Die Parzellenkartei enthält die agrarspezifischen Informationen zu einer Parzelle, wie z. B. Anfang und Ende der Erntesaison, die Fruchtart, die Anbauart und -status sowie die Förderung durch die EU.

Für die Simulation des Ernteprozesses werden die benötigten Parameter ebenfalls in einer Tabelle gespeichert. Diese Parameter beinhalten alle maschinen- und prozessspezifischen Kennwerte wie Korntankgröße, Anzahl der Anhänger, Fahrzeuggeschwindigkeiten, Bestand usw.

5.3.2 Leitstandssoftware

Die Leitstandsoftware dient zur Dokumentation, Visualisierung und Analyse der aufgezeichneten Maschinen- und Erntedaten. In Absprache mit der SimPlan AG wurden die wichtigsten Anwendungen umgesetzt.

5.3 Datenserver

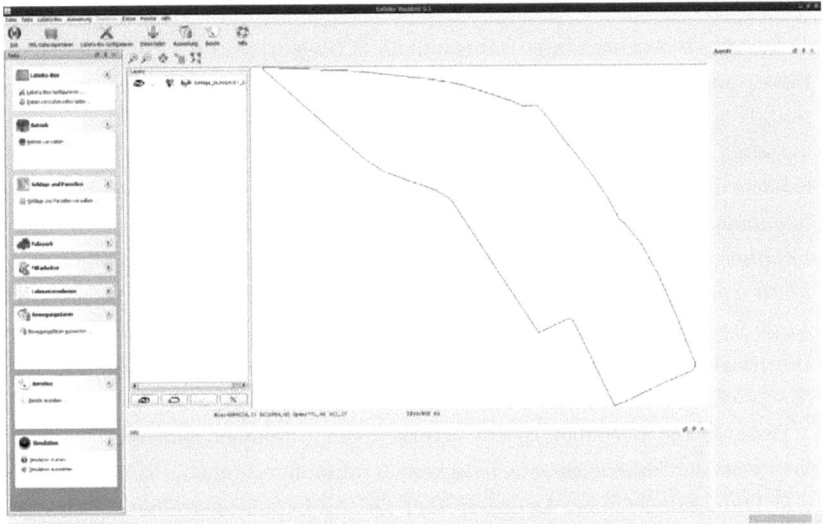

Abbildung 5.16: Benutzeroberfläche des Leitstand-Demonstrators [57]

Die erste wichtige Aufgabe des Servers ist der Imports der Bewegungsdaten (XML-Dateien) in die LaSeKo-Datenbank. Um mit den erfassten Daten arbeiten zu können, wird eine graphische Benutzeroberfläche, die Graphical User Interface (GUI), benötigt. Die GUI des Leitstands ist in mehrere Bereiche unterteilt. Das Anwendungsfenster ist in der Abbildung 5.16 dargestellt. Zum einen das klassische Menü, das alle Anwendungen des Demonstrators darstellt und zum anderen ist ein Schnellzugriff mit Hilfe der Symbolleiste integriert. Im Hauptbereich werden die unterschiedlichen Informationen dargestellt. Hierzu gehören die Auswertungen, Animation der gesammelten Daten und für die Parametrierung des Betriebs, der Mitarbeiter sowie der Schläge.

Für die Konfiguration der Kommunikationsboxen wird ein Werkzeug benötigt, mit dem die IP, Benutzerkennung und Passwort eingestellt werden kann. Für den landwirtschaftlichen Betrieb wird ebenfalls ein Konfigurationswerkzeug benötigt, mit einem Namen und der Position des Standortes parametriert werden. Hierzu gehören auch Schläge und Parzellen, die aus den vorhandenen GEO-Daten eingelesen und verwaltet werden. Die Verwaltung des Fuhrparks muss ebenfalls ermöglicht werden. Für eine ganzheitliche Analyse und Doku-

5 Systementwicklung und Aufbau

mentation müssen die Mitarbeiter ebenfalls dokumentiert werden.

Aus den Bewegungsdaten können dann Ertragskarten und Animationen der Bewegungsdaten angezeigt werden. Eine Erstellung der Ertragskarten erfolgt mittels farblicher Darstellung des aktuellen Durchsatzes auf dem Mähdrescher auf einer bestimmten Fläche. Unter PostGIS werden für die Aufteilung der Schläge und Darstellung Polygonzüge verwendet. Dies dient einerseits zur Analyse andererseits auch zur Dokumentation. Durch den Vergleich der Erntekarten über mehrere Jahre kann ein besserer Maschinen- und Düngereinsatz erreicht werden. Mit den Bewegungsdaten kann der Weg des Getreides nachvollzogen werden und somit die geforderte Rückverfolgbarkeit garantiert werden. Die Richtung des Getreides ist vollkommen irrelevant, ob zu einer Getreidecharge ein Schlag oder umgekehrt angezeigt werden soll.

Bei größeren Betrieben ist ein Vergleich von Maschinen sinnvoll. Durch den Vergleich der Fahrzeuggeschwindigkeit, Kraftstoffverbrauch, Stillstandszeiten und Durchsatz können Aussagen über die Auslastung getroffen werden und eine Schwachstellenanalyse durchgeführt werden. Weiterhin können bei bekannten Maschinen- und Mitarbeiterkosten die Gesamtprozesskosten bestimmt werden, um dem Landwirt eine schnellere und vereinfachte Kalkulation zu ermöglichen.

Während der Entwicklung und Tests der Anwendungen wurde sehr deutlich, dass die Werkzeuge für die Landwirte sehr einfach und intuitiv bedienbar sein müssen. Hier besteht noch erheblicher Entwicklungs- und Forschungsbedarf.

Kapitel 6

Kommunikationssoftware und deren Sicherheit

Für ein autonomes landwirtschaftliches Dokumentationssystem müssen sichere Kommunikationsprotokolle entwickelt werden. Der Begriff Sicherheit hat hier zwei Bedeutungen:

- die Datensicherheit, d. h. vor dem unbefugten Zugriff geschützte Daten
- die Datenintegrität, d. h. vollständige und unveränderte Daten

die Datensicherheit im Hinblick auf unbefugten Zugriff durch Dritte und zweitens die Datenintegrität. Die Datenintegrität umfasst die Vollständigkeit der Daten und das sie unverändert vorliegen. Um dies näher zu erläutern, wird erst die entwickelte Kommunikationssoftware beschrieben und dann auf die Sicherheit der Kommunikationsprotokolle eingegangen.

6.1 Datenaufzeichnung und -übertragung

Da die unterschiedlichen Funktionen wie CAN-Datenaufzeichnung oder Funkübertragung parallel erfolgen müssen, werden Threads benötigt. Für die LaSeKo-Software wurden POSIX Threads verwendet [24]. Threads sind unterschiedliche Teile eines Programms, die für den Benutzer scheinbar parallel abgearbeitet werden, obwohl die Programme auf dem Mikrocontroller oder Prozessor seriell bearbeitet werden. Ein realer paralleler Betrieb von Programmen kann nur mit Mehrkern-Prozessoren erfolgen. Das Prozess-Scheduling des Linux-Betriebssystems legt fest, wann welcher Prozess wie viel Prozessorzeit zugeteilt bekommt.

6 Kommunikationssoftware und deren Sicherheit

Für die Kommunikationssoftware werden vier Threads benötigt, die folgende Aufgaben haben:

- LaSeKo-Funkprotokoll
- CAN-Daten Aufzeichnung und Speicherung
- GPS-Daten Erfassung und Zeitkorrektur
- Erstellung der XML-Dateien aus den CAN- und GPS-Informationen

Bevor die Threads gestartet werden, wird eine Konfigurationsdatei eingelesen. Die hier hinterlegten Informationen sind in der Tabelle 6.1 aufgeführt. Demzufolge kann die Software auf allen Maschinen und Prozessteilnehmern ohne Veränderungen im Quellcode eingesetzt werden. Es muss lediglich die Konfigurationsdatei angepasst werden.

Durch die Maschineninformationen kann ein Datenpaket eindeutig zugeordnet werden. Die Funkeinstellungen werden für die Kommunikation benötigt u. a. ist in der Short Adress die Prozesspriorität enthalten. Der Link Quality Indication (LQI) ist ein Index für die Signalqualität und legt den für die Kommunikation benötigten Grenzwert fest. Dies ist für eine sichere und stabile Datenübertragung sehr wichtig und musste während der Feldtests konfiguriert werden. In der Konfigurationsdatei enthaltene Dateipfade gewährleisten eine flexible Ordnerstruktur Im Quellcode wird lediglich der Pfad zur Konfigurationsdatei festgelegt. Die Aufzeichnungsintervalle der Datensätze sind für die Untersuchung der aufkommenden Datenmengen und zur Analyse der benötigten Messintervalle wichtig und können deshalb ebenfalls verändert werden. Dies ist für die Untersuchung der aufkommenden Datenmengen und zur Analyse der benötigten Messintervalle wichtig. Die über den CAN-Bus des Mähdreschers verfügbaren Informationen enthalten keine Angaben zur Fruchtart, deshalb muss dies ebenfalls manuell eingepflegt werden.

6.1.1 LaSeKo-Funkprotokoll

Das LaSeKo-Funkprotokoll muss zwei Aufgaben erfüllen:

1. die autonome und sichere Datenübertragung vom Mähdrescher bis zum Datenserver

6.1 Datenaufzeichnung und -übertragung

Tabelle 6.1: Informationen in der Konfigurationsdatei

Variable	Wert	Bedeutung
Maschineninformationen		
machine_type	TRACTOR	Maschinenart
machine_id	WB-WE-123	Maschinennummer
farm_id	Seydaland	Name des Betriebes
box_id	001	LaSeKo-Boxnummer
package_id	0001	Datenpaketnummer
Funkeinstellungen		
pan_id	01	PAN Nummer
short_addr	013c	Short Adress mit PP
lqi_limit	80	LQI Grenzwert
Dateipfade		
path_ack	/home/ack/	Dateipfad
path_save_data	/home/save_data/	Dateipfad
path_server_data	/home/server_data/	Dateipfad
path_tmp	/home/tmp/	Dateipfad
path_to_send	/home/to_send/	Dateipfad
Aufzeichnungsintervalle im XML-File in Sekunden		
harvest_periode	1	Erntedaten
setting_periode	5	Maschineneinstellungen
status_periode	10	Maschinenstatus
file_periode	600	Länge der Datenaufzeichnung
Ernteinformationen		
type_of_crop	Roggen	Fruchtart

2. die zweifelsfreie Identifikation der Prozesspartner beim Überladevorgang

Beide Funktionen sind im Protokoll implementiert, werden hier aber nacheinander beschrieben.

Wie beschrieben ist eine direkte Datenübertragung aufgrund der geringen Reichweite von 200 m zwischen der Erntemaschine und dem Datenserver nicht möglich. Deshalb werden die Daten wie ein Staffelstab weitergereicht. Das einfachste Szenario der Erntekette ist ein Mähdrescher, ein Traktor mit An-

6 Kommunikationssoftware und deren Sicherheit

hänger und ein Lager mit Waage. Folglich müssen die Mähdrescherdaten vom Mähdrescher während des Überladevorgangs auf dem Feld an den Traktor übergeben werden. Der Traktor speichert die Mähdrescherdaten und übergibt diese wiederum an der Waage, auf dem Hof, und diese dann die Daten an den Datenserver. An diesem Beispiel wird deutlich, dass der Traktor beide Rollen, die des Empfängers und des Senders, einnehmen muss. Die Rolle eines Teilnehmers wird erst nach der Kontaktaufnahme zwischen den beiden Funkpartnern ausgehandelt. Weiterhin darf eine Datenweitergabe nur dann erfolgen, wenn die Daten dadurch näher zum Server gelangen. Es ist nicht sinnvoll die Dokumentationsdaten zwischen zwei Mähdreschern auszutauschen, sondern nur an Prozessteilnehmer, die die Daten dem Server näher bringen.

Um dieses Staffelstab-Funknetzwerk zu realisieren, wurde ein Prioritätsmodel entwickelt. Jede Maschinengruppe hat eine eigene Prozesspriorität (PP). Mähdrescher besitzen die PP 70, Traktoren PP 60 und der Datenserver hat die PP 00. Eine wichtige Regel des Funkprotokolls ist, dass eine Datenübergabe nur zu einem Teilnehmer mit einer niedrigen Priorität erfolgen darf. Es dürfen zu keiner Zeit Daten zwischen Teilnehmer mit gleichen PP ausgetauscht werden.

Das Protokoll wurde unter Verwendung von endlichen Zustandsautomaten[1] umgesetzt. Das Programm wird dabei in einzelne Zustände aufgeteilt und ein Automat ist endlich, wenn die Menge der annehmbaren Zustände endlich ist. Er kann sich immer nur in einem definierten Zustand befinden. In der Abbildung 6.1 ist ein einfaches Beispiel dargestellt. Die Tür kann nur einen Zustand annehmen „offen" oder „zu". Um von einem Zustand in einen anderen zu gelangen, werden Zustandsübergänge benötigt. Im Beispiel sind es „Öffnen" und „Schließen" der Tür. Der große Vorteil ein Programm mit endlichen Automaten umzusetzen, liegt in der auch bei sehr komplexen Algorithmen gegebenen Übersichtlichkeit. Eine Umsetzung der Algorithmen mit $if-else$ Anweisungen führt oft dazu, dass Zustände nicht ganz erfasst oder ausprogrammiert werden [108].

Endliche Zustandsautomaten können u. a. mittels verketteter Listen oder switch-Anweisungen realisiert werden. Für das LaSeKo-Protokoll wurde die switch-Anweisung gewählt und jede case-Anweisung stellt dabei einen Zustand dar.

---

[1] engl: Finite State Machine (FSM)

6.1 Datenaufzeichnung und -übertragung

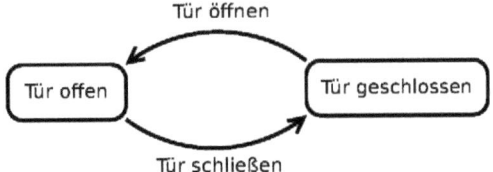

Abbildung 6.1: Einfaches Beispiel eines endlichen Zustandsautomaten [104]

Datenübertragung

Die Kontaktaufnahme und Datenübertragung zwischen zwei Prozessteilnehmern lässt sich anhand der Abbildung 6.2 nachvollziehen. Der Grundzustand jedes Funkteilnehmers ist der LISTEN_MODE. In diesem Zustand wartet der Teilnehmer auf einem festen Kommunikationskanal auf den Empfang eines Beacons-Request-Command. Dieser muss für die Kontaktaufnahme im gesamten Netzwerk bekannt sein. Wird nach einer zufälligen Zeit zwischen ein und drei Sekunden kein Beacon empfangen, wird in den Zustand CHECK_TO_SEND gewechselt. In diesem Zustand wird überprüft, ob Daten zur Weiterleitung bereit liegen. Diese Daten befinden sich dann im Ordner *to_send*. Liegen keine Daten vor, wird in den Grundzustand zurück gewechselt. Sind Daten vorhanden, liegt der Zustand SEND_BEACON_REQUEST_COMMAND an. Hier wird ein Beacon-Request-Command ausgesendet und damit alle Teilnehmer in der Nähe dazu aufgefordert, mit einem Beacon zu antworten. Sofort nach dem Senden wird der Zustand RECEIVE_BEAXCON angenommen und auf den Empfang von Beacons gewartet.

Die im LISTEN_MODE arbeitenden Funkknoten nehmen den Zustand SEND_BEACON an und antworten darauf hin mit einem Beacon. Nachdem der Sender die Beacons empfangen hat, wechselt er nach einer bestimmten Zeit in den EVALUATE_BEACON. Hier werden, wie der Name schon sagt, alle Beacons ausgewertet nach der PAN-ID, der Priorität und der LQI. Für eine korrekte Datenübertragung muss der Empfänger der Daten drei Kriterien erfüllen. Das erste Kriterium ist, dass er sich im gleichen PAN befinden muss, d. h. der Empfänger muss die gleiche PAN-ID besitzen wie der Sender. Das zweite Kriterium ist die schon erläuterte Prozesspriorität des Empfängers, diese muss kleiner sein als die des Datensenders. Die Information über die Pro-

6 Kommunikationssoftware und deren Sicherheit

zesspriorität befindet sich in der Short Address des Funkknotens. Als letztes Kriterium dient die LQI, diese darf einen bestimmten Grenzwert nicht unterschreiten. Antworteten mehrere Empfänger, die alle drei Kriterien erfüllen, wird der Empfänger mit dem größten LQI-Wert als Empfänger ausgewählt.

Wurde vom Sender ein Empfänger erkannt, der alle drei Kriterien erfüllt, wechselt dieser in den SEND_INFO Zustand und sendet einen Infoframe.

Dieses Infoframe enthält:

- den Namen der zu verschickenden XML-Datei
- die Anzahl der Datenframes, die für die Übertragung der gesamten Datei nötig sind
- der Kanal auf dem die Datenübertragung stattfindet und
- eine Prüfsumme der Datei

Ein Kanalwechsel ist an dieser Stelle wichtig, um den Hauptkommunikationskanal frei zu halten und nicht die Kontaktaufnahme anderer Teilnehmer zu unterbinden.

Die Empfänger sind alle in den RECEIVE_INFO Zustand gewechselt und warten auf das Infoframe vom Sender. Nur der selektierte Empfänger erhält aufgrund der Adressierung auch das Infofram vom Sender und nimmt den Zustand RECEIVE_DATA an. Alle weiteren Empfänger gehen nach einem zufälligen Zeitraum in den Grundzustand über.

Im RECEIVE_DATA Zustand wird eine Datei mit dem Namen aus dem Infoframe und in den Extended Operating Mode[2] des Funkchips gewechselt. Soll jeder empfangene Datenframe mit einem Acknowledgement-Frame bestätigt werden, muss sich der Funkchip im Extended Operäting Mode befinden. Der Sender wechselt zur gleichen Zeit in den SEND_DATA Zustand und ändert ebenfalls den Kanal. Auch der Sender benötigt den Extended Operating Mode, denn wenn der Sender kein Acknowledgement-Frame auf eines der versendeten Datenframes empfängt, wird das Datenframe erneut gesendet. Die Anzahl der Wiederholungen kann in der Initialisierung des Funkchips festgelegt werden. Schlägt die Übertragung der Datei fehl, wird die bereits begonnene Datei auf Empfänger-Seite gelöscht. War die Übertragung erfolgreich, wird sie auf der Sender-Seite als versendet markiert.

---

[2] deutsch: erweiterter Modus

6.1 Datenaufzeichnung und -übertragung

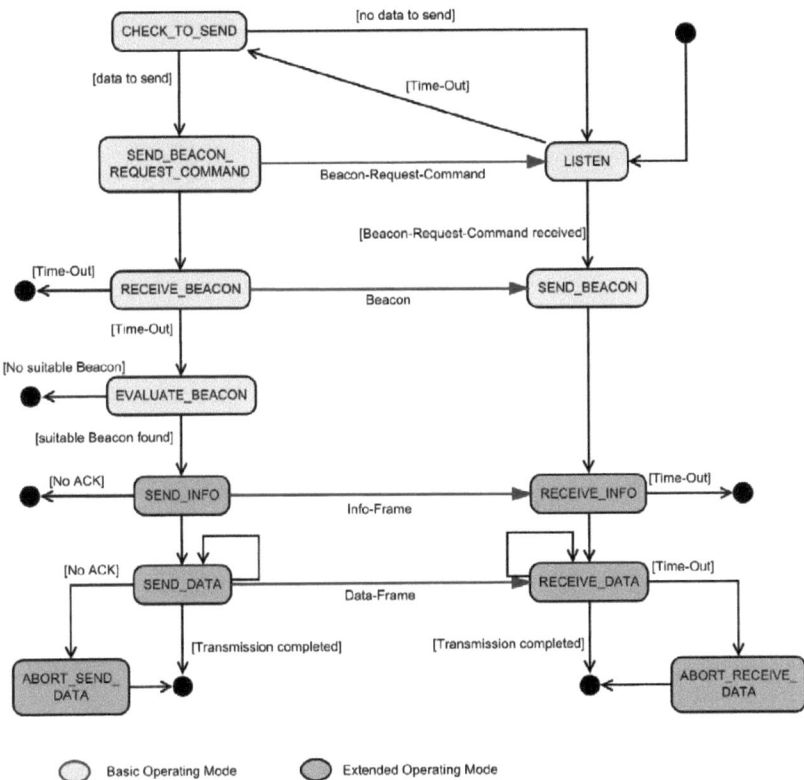

Abbildung 6.2: Datenübertragung des LaSeKo Funkprotokolls [104]

Erkennung der Prozesspartner

Für eine lückenlose Rückverfolgbarkeit des Getreides muss dokumentiert sein, zwischen welchen Prozesspartnern das Erntegut übergeben wurde. Hier wird beschrieben, wie die Erkennung des Überladefahrzeugs erfolgt, auf das der Mähdrescher das Erntegut abtankt. Das Ablaufdiagramm in Abbildung 6.3 zeigt die Detektierung.

Hierfür wird der zusätzliche Zustand CHECK_UNLOADING_AUGER benötigt. Der CAN-Bus des Mähdreschers stellt Informationen über den Zustand der Abtankschnecke bereit. Die Abtankschnecke befördert das Getreide aus

6 Kommunikationssoftware und deren Sicherheit

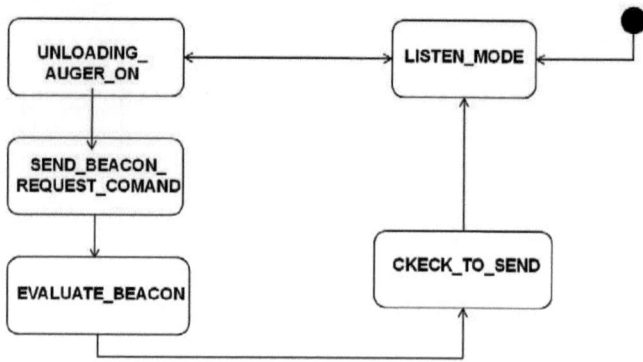

Abbildung 6.3: Erkennung des Prozesspartners

dem Korntank des Mähdreschers durch das Überladerohr auf das Transportfahrzeug. Mit Hilfe dieser Information kann exakt der Zeitraum des Überladevorgangs bestimmt werden.

Nachdem Ablauf des Timers wechselt das Kommunikationsprotokoll aus dem LISTEN_MODE in den CHECK_UNLOADING_AUGER. Ist die Abtankschnecke eingeschaltet, wird ein Beacon-Request-Command versendet. Im anderen Fall wird in den CHECK_TO_SEND Zustand übergegangen. Auf das Beacon-Request-Command antworten alle Teilnehmer in der Nähe mit einem Beacon. Diese werden vom Mähdrescher empfangen und ausgewertet. Das aktuelle Überladefahrzeug wird dadurch erkannt, dass es die Prozesspriorität eines Überladefahrzeugs und den größten LQI Wert besitzt. Je größer der LQI-Wert, desto besser ist die Signalqualtität, die sehr stark von der Entfernung der beiden Funkteilnehmer abhängt. Insofern ist der Traktor mit dem höchsten LQI-Wert das Überladefahrzeug, auf dass das Korn abgetankt wird. Danach wechselt der Mähdrescher in den CHECK_TO_SEND Modus und überträgt, falls vorhanden, eine Datei an den Traktor. Ist die Übertragung abgeschlossen, wird der Grundzustand eingenommen.

Hier könnten Fehler bei der korrekten Erkennung unterlaufen. Aus diesem Grund wird der Vorgang während des gesamten Überladevorgangs wiederholt. Ein Überladevorgang dauert ca. 120-180 Sekunden und die Schleife des Funkprotokolls ca. 3-4 Sekunden. Daraus ergibt sich, dass die Erkennung des Überladevorgangs ca. 30-mal wiederholt wird. Am Ende des Überladevorgangs wird

6.1 Datenaufzeichnung und -übertragung

der Traktor, der am häufigsten den besten LQI-Wert hatte als entsprechendes Überladefahrzeug in der Dokumentation festgehalten. Außerdem werden noch der Ort, Start, Stop, Kornmenge und die beiden Prozesspartner des Überladevorgangs gespeichert.

6.1.2 CAN-Daten Aufzeichnung und Speicherung

Der CAN Thread initialisiert und startet den Socket-CAN. Mit dessen Hilfe kann auf die CAN-Daten des John Deere Gateways zugegriffen werden. Nicht alle CAN-Nachrichten werden benötigt, deshalb werden die Nachrichtenfilter so eingestellt, dass nur die benötigten Nachrichten empfangen werden. Die nächste Aufgabe besteht darin, anhand der Parameter Group Numbers (PGN) die Nachrichten aufzuschlüsseln. Die PGN ist ein Teil der CAN-ID und definiert somit den Inhalt der Nachricht. Eine CAN-Nachricht kann bis zu acht Byte Daten enthalten und kann mehrere Variablen beinhalten. Diese werden ebenfalls aufgesplittet. Daraufhin werden alle Variablen in einer eigenen Liste gespeichert und liegen dann zur Weiterverarbeitung durch andere Prozesse oder Threads bereit.

Eine besondere Variable stellt wiederum der Zustand der Abtankschnecke dar. Ist diese aktiviert, wird ein Flag gesetzt, um den weiteren Prozessen zu signalisieren, dass Korn überladen wird. Ist der Überladevorgang beendet, wird das Flag sofort zurückgesetzt.

6.1.3 GPS-Daten Erfassung und Zeitkorrektur

In diesem Thread wird lediglich der GPSD-Socket initialisiert und gestartet. Danach liest der GPSD die NMEA-Daten aus und stellt sie über einen Socket bereit. Diese werden ausgelesen und können dann jeder Zeit vom Thread, der die XML-Dateien erstellt, abgefragt werden.

Die zweite Aufgabe dieses Threads besteht darin, die aktuelle GPS-Zeit mit der Systemzeit zu vergleichen. Ist der Unterschied dieser beiden Zeiten größer als 60 Sekunden, wird die Systemzeit der GPS-Zeit angeglichen. Wie schon im Kapitel 5.1.8 beschrieben, kann der NTPD keine Zeitdifferenzen, die größer als 60 Sekunden sind, synchronisieren. Aufgrund der Zwischenspeicherung der Zeit im RTC-Chip ist es sehr unwahrscheinlich, dass die Systemzeit abweicht.

6 Kommunikationssoftware und deren Sicherheit

6.1.4 Erstellung der XML-Dokumentationsdateien

Die erfassten Daten werden in einem XML-File gespeichert. Hierfür wird ein eigener Thread benötigt. Dieser erstellt als ersten Schritt ein XML-File im temporären Ordner des Filesystems. Werden die Daten in diesen Ordner geschrieben, befinden sie sich im Arbeitsspeicher und nicht auf der SD-Karte. Die Lese- und Schreibgeschwindigkeiten sind auf dem Arbeitsspeicher wesentlich höher als auf der SD-Karte.

Die Länge der Datenaufzeichnung eines XML-Files kann ereignis- oder zeitgesteuert erfolgen. Ist sie zeitgesteuert, hängt der Aufzeichnungszeitraum des XML-Files von der file_periode im Konfigurationsfile ab. Um eine relativ zeitnahe Dokumentation des Ernteprozesses zu erreichen, sollte die Datenaufzeichnung ereignisabhängig sein. Deshalb wird nach Beendigung des Überladevorgangs das XML-File abgeschlossen und sofort an den Traktor übertragen. Dadurch werden die zum überladenen Erntegut gehörenden Daten vom Traktor direkt an der Hofwaage wieder übergeben. Ein aktueller Ablauf des Ernteprozesses auf dem Datenserver wäre dann um den Zeitraum verzögert, den der Traktor vom Feld bis zur Waage benötigt.

Die Aufzeichnungsintervalle der Datensätze in der XML-Datei müssen ebenfalls konfiguriert werden. Beim Erzeugen eines Datensatzes werden die entsprechenden GPS- und Zeitinformationen ausgelesen. Danach werden die jeweiligen CAN-Bus Variablen aus den Listen importiert. Die CAN-Bus Variablen enthalten Informationen, die unterschiedlich verarbeitet werden müssen. Es können z. B. der Median oder Durchschnitt gebildet werden. Bei einigen Informationen wird der letzte Wert aus der Liste benötigt. Der Datensatz wird erzeugt und gespeichert, nachdem alle Variablen berechnet wurden.

Erst nach dem Abschluss der XML-Datenaufzeichnung kann der Name der Datei geschrieben werden, da dieser den Endzeitpunkt der Aufzeichnung enthält. Im Anschluss wird sofort mit einer neuen Datei die Datenaufzeichnung fortgesetzt. Die abgeschlossene Datei wird in den Ordner save_data kopiert. Dies ist eine Sicherungsmaßnahme, somit bleiben im Falle einer Fehlfunktion der Komprimierung oder der Funkübertragung die originalen Daten erhalten und können nachträglich abgerufen werden. Weiterhin kann anhand dieser Daten die korrekte Funktionsweise der Software nachgewiesen werden, indem sie mit den auf den Server übertragenen Daten verglichen werden.

Die noch vorhandene XML-Datei im Arbeitsspeicher wird komprimiert und in den Ordner to_send verschoben. Die in diesem Ordner enthaltenen Daten werden via Funk an den Server übertragen. Die Komprimierung erfolgt mit Hilfe der Programmbibliothek *zlib*. Diese Bibliothek ist sehr verbreitet und erreichte in den Tests eine Komprimierung von über 90%.

6.2 Verschlüsselung der Daten zur Übertragungen

Der unberechtigte Zugriff auf die Daten muss unbedingt verhindert werden. Durch Verschlüsselung kann dies verhindert werden. Ein unberechtigter Zugriff könnte durch einen weitere Funkteilnehmer erfolgen. Dieser müsste die versendeten Daten auslesen und aufzeichnen. Die XML-Dateien werden deshalb auf den LaSeKo-Boxen verschlüsselt. Der Server entpackt dann die empfangenen Dateien. Zum anderen muss der Server nach dem Stand der Technik abgesichert sein, insbesondere:

- durch Firewalls und regelmäßige Sicherheitsupdates,

- Passwortschutz der Daten auf dem Server, mitarbeiterbezogene Daten müssen sogar durch zwei Passwörter geschützt werden,

- Beschränkung der auslesbaren Daten auf die der jeweiligen Kommunikationsbox für den Fall eines Hardwarezugriffs.

In der Datenbank müssen die Freigaben und Zugriffsrechte der unterschiedlichen Benutzer genau geregelt und vertraglich festgeschrieben sein (näher siehe Kapitel 3.4). Die unterschiedlichen Zugriffsrechte der Benutzer auf die Datenbank können mit einer sehr hohen Sicherheit exakt zugeordnet werden.

6.2.1 Verschlüsselung des Funkverkehrs

Der verwendete AT86Rf231 hat bereits in der Hardware eine 128 Bit Advanced Encryption Standard (AES) Verschlüsselung integriert [42]. Die Schlüssellänge des AES-128 beträgt 128 Bit dem beiden Kommunikationspartnern bekannt sein muss, da es sich um ein symmetrisches Verschlüsselungsverfahren handelt [50]. Somit muss allen Teilnehmern eines PANs der Schlüssel bekannt sein.

Hinter dem AES verbirgt sich der Rijndael Algorithmus, der bislang Entschlüsselungsversuchen widerstand [1].

6 Kommunikationssoftware und deren Sicherheit

Der Schlüssel muss auf jeder Kommunikationsbox hinterlegt sein. Er darf nicht in Klartext vom Filesystem abrufbar sein, denn sobald jemand Zugriff auf die Hardware hat, kann er den Schlüssel auslesen und hat Zugriff auf die Kommunikation des gesamten PANs. Dies kann dadurch gelöst werden, dass der Schlüssel im Quellcode mitkompiliert wird. Dies bietet einen großen Nachteil, weil für jedes PAN ein eigener Quellcode geschrieben werden müsste. Mit einem gewissen Aufwand ist dieser Schlüssel ebenfalls auslesbar und bietet keinen vollkommenen Schutz.

Kann ein Hardwarezugriff auf die LaSeKo-Boxen ausgeschlossen werden, ist es am sinnvollsten, den Schlüssel in der Konfigurationsdatei zu hinterlegen. Dieser kann vor jeder Erntesaison mit einem sehr geringen Aufwand ausgetauscht werden.

6.2.2 Verschlüsselung der XML-Dateien

Für die Verschlüsselung der XML-Dateien sollte ein asymmetrisches Verschlüsselungsverfahren[3] verwendet werden. Dabei generiert jeder Netzwerkteilnehmer einen privaten und einen öffentlichen Schlüssel[4]. Dieses Schlüsselpaar wird beim ersten Starten des embedded Linux einmalig generiert. Der private Schlüssel muss unbedingt privat bleiben und darf niemals mit einem anderen Kommunikationspartner ausgetauscht werden. Des Weiteren müssen die Mechanismen zum Ver- und Entschlüsseln im Vorfeld festgelegt werden.

Der Ablauf im LaSeKo-Netzwerk wäre wie folgt:

1. Alle LaSeKo-Boxen erhalten den öffentlichen Serverschlüssel manuell.

2. Die LaSeKo-Box-1 kann nun mit Hilfe des öffentlichen Serverschlüssels und der Verschlüsselungsfunktion die Datei verschlüsseln.

3. Diese verschlüsselte Datei gelangt über das Funknetzwerk an den Server.

4. Dieser kann mit Hilfe seines privaten Schlüssels und der Entschlüsselungsfunktion die Datei wieder berechnen.

Selbst wenn jemand in den Besitz einer LaSeKo-Box des entsprechenden Netzwerks gelangte, wäre dieser nicht in der Lage, die empfangenen Daten

---
[3] auch Public-Key-Kryptographie genannt
[4] englisch: public and privat Key

anderer Kommunikationsboxen zu entschlüsseln. Zwar besäße er den AES-Schlüssel des Netzwerks, den öffentlichen Schlüssel des Servers und den öffentlichen Schlüssel der LaSeKo-Box-1. Jedoch benötigte er zum Entpacken der Daten den privaten Schlüssel des Servers. Um verschlüsselte Daten an eine LaSeKo-Box zu senden, müssen die Boxen ihre öffentlichen Schlüssel an den Server übergeben.

Ein freies Programm zur Verschlüsselung und Erzeugung von Zertifikaten ist OpenSSL. Es arbeitet nach dem SSL/TLS-Protokoll und ist ein OpenSource Projekt. Mit Hilfe der enthaltenen Bibliotheken ist eine Verschlüsselung implementierbar. OpenSSL ist im Buildroot schon als Paket enthalten und muss lediglich ausgewählt und kompiliert werden.

6.2.3 Zugriff auf die LaSeKo-Box

Auch ein Hardwarezugriff auf eine der LaSeKo-Boxen im Netzwerk muss verhindert werden, weil die Möglichkeit bestünde, das Filesystem mit Hilfe des U-Boots oder der JTAG-Schnittstelle auszulesen, wofür allerdings auch dann ein besonderes technisches Wissen benötigt werden würde. Außerdem könnten die Daten der SD-Karte kopiert werden.

Der Zugriff auf das Embedded Linux über die GSM/GPRS-, Ethernet- und RS232-Schnittstelle ist mit einem Passwort gesichert. Über Ethernet ist ein Einloggen nur über das Secure Shell Protokoll (SSH) möglich. Um Dateien zu kopieren oder zu entfernen, wird das SCP-Protokoll verwendet. Dies ist ein spezifizierter Tunnel einer SSH-Verbindung und erlaubt dadurch einen sehr sicheren Datentransport [50].

6.3 Datenintegrität der Aufzeichnung und Übertragung

Ein weiterer wichtiger Punkt der Datensicherheit ist die Datenintegrität, d. h. dass die Daten korrekt aufgezeichnet, übertragen und gespeichert werden. Der CAN-Bus der Maschine beinhaltet Mechanismen wie z. B. die zyklische Redundanzprüfung[5], die sicherstellen, dass die empfangenen Daten keine Bitfehler enthalten. Dieses Verfahren wird ebenfalls bei der Funkübertragung des IEEE 802.15.4 bei jedem Funkframe angewendet. Ferner könnten Frames bei der Übertragung verloren gehen. Dies wird durch automatische Antworttelegram-

---
[5] engl: cyclic redundancy check (CRC)

6 Kommunikationssoftware und deren Sicherheit

me und Kanalzugriffsverfahren verhindert. Ist eine verschlüsselte XML-Datei an einen anderen Teilnehmer vollständig übertragen, kann mit Hilfe der MD5-Prüfsumme untersucht werden, ob die Daten fehlerfrei sind. In den folgenden Abschnitten wird auf diese Fragestellungen eingegangen.

6.3.1 Kanalzugriffsverfahren CSMA/CA

Der IEEE 802.15.4 Funkstandard verwendet das Kanalzugriffsverfahren Carrier Sense Multiple Access/Collision Avoidance[6], das den gleichzeitigen Zugriff mehrerer Teilnehmer auf einen Übertragungskanal und damit die Beeinträchtigung des Funkverkehrs verhindert.

Dabei können folgende Probleme auftreten:

1. Der Sender prüft, ob der Kommunikationskanal frei ist und erhält die Freigabe zum Senden.

    a) Zwei Sender prüfen gleichzeitig, ob der Kanal frei ist und erhalten exakt gleichzeitig die Information, dass der Kanal frei ist und beginnen zu senden. Dieser Fall tritt extrem selten auf.

    b) Der Sender A will an Empfänger B senden und prüft, ob der Kanal frei ist. Ebenfalls auf diesem Kanal sendet die Station C an den Empfänger B. Jedoch auf Grund der Empfangsbedingungen ist es A nicht möglich, C zu erkennen und beginnt zu senden. Dieser Fall kann häufiger auftreten und ist sehr schwierig zu erkennen.

2. Ein Sender detektiert einen belegten Kanal und wartet darauf, dass er frei wird. Im Netzwerk befinden sich zu gleichen Zeit mehrere andere Teilnehmer, die auf diesem Kanal senden möchten. Wird der Kanal frei, greifen alle Sender gleichzeitig auf den Kanal zu. Dies führt wiederum zu Kollisionen.

Beim CSMA/CA wird mit Hilfe von zufälligen Zugriffszeiten versucht, Kollisionen zu verhindern. Diese Zufallszeiten werden von jedem Teilnehmer autonom bestimmt [61].

Dieses Verfahren ist direkt im verwendeten AT86RF231 Funkchip implementiert und erfolgt automatisch. Der Benutzer kann die maximale Anzahl

---
[6]deutsch: Mehrfachzugriff mit Trägerprüfung und Kollisionsvermeidung

6.3 Datenintegrität der Aufzeichnung und Übertragung

der Zugriffswiederholungen sowie die maximal und minimal Werte für die Zufallszeit zwischen den Wiederholungen bestimmen.

Die Anzahl der Maschinen auf einem Feld überschreitet selten acht und bei großen Schlägen beträgt sie im Durchschnitt vier. Diese Beobachtungen beruhen auf der Auswertung der Fragebögen im Anhang A. Weiterhin wird beim Versenden einer Datei ein BEACON_REQUEST_COMAND, ein BEACON und ein Infoframe versendet. Sofort danach wechseln die Kommunikationspartner auf einen anderen Kanal und belegen nicht mehr den Hauptkommunikationskanal. Aus diesen beiden Gründen ist die Gefahr von Kollisionen sehr gering einzustufen.

6.3.2 Zyklische Redundanzprüfung

Durch Störungen während der Datenübertragung könnten Bits unbemerkt invertiert werden, wodurch der Nachrichteninhalt verfälscht werden kann. Um dies zu erkennen, wird die zyklische Redundanz Prüfung oder auch CRC eingesetzt. Jedes Funkframe und jede CAN-Nachricht wird mit einer CRC erweitert. Mit diesen zusätzlichen Informationen kann der jeweilige Empfänger überprüfen, ob die Daten korrekt übertragen wurden.

Eine softwaretechnische Lösung der CRC wird nur in sehr seltenen Fällen eingesetzt. Meist wird sie durch Hardwarebausteine umgesetzt. Hierfür werden sogenannte linear rückgekoppelte Schieberegister verwendet [61]. In den verwendeten Funk- und CAN-Bausteinen ist die CRC in der Hardware integriert und der Anwender hat keinen Einfluss darauf. Ist eine Nachricht fehlerhaft, z. B. durch ein falsches Bittiming des CAN-Buses oder einem stark belasteten Kommunikationskanal, wird sie verworfen und muss erneut übertragen werden. Der Fehler kann mittels der CRC nicht korrigiert werden oder die Fehlerursache bestimmt werden.

Für die CRC-Generierung muss vorab ein Generatorpolynom ausgewählt werden. Hierfür gibt es genormte Prüfzeichenverfahren [32] [33]. Diese enthalten einzusetzende Polynome und die mögliche Fehlerabdeckung. Im folgenden Beispiel wurde als CRC-Prüfpolynom 101100 gewählt und der Inhalt des einen Byte langen Datenpakets lautet 10011001. Das Datenpaket wird mit dem Grad des Prüfpolynoms multipliziert, hier im Beispiel wird es um fünf Nullen erweitert. Durch die Modulo-2-Division wird der benötigte Rest im folgendem bestimmt:

```
1 1 1 1 0 1 0 1 0 0 0 0 0  : 110101  = 10111010
1 1 0 1 0 1
─────────────
0 0 1 0 0 0 0
    0 0 0 0 0 0
    ─────────────
      1 0 0 0 0 1
      1 1 0 1 0 1
      ─────────────
        0 1 0 1 0 0 0
          1 1 0 1 0 1
          ─────────────
            0 1 1 1 0 1 0
              1 1 0 1 0 1
              ─────────────
                0 0 1 1 1 1 0
                    0 0 0 0 0 0
                    ─────────────
                      1 1 1 1 0 0
                      1 1 0 1 0 1
                      ─────────────
                        0 0 1 0 0 1 0
                            0 0 0 0 0 0
                            ─────────────
                              0 1 0 0 1 0       Rest:10010.
```

Der errechnete Quotient wird nicht weiter benötigt. Nun wird die Summe aus dem Datenpaket und dem errechneten Rest gebildet, und diese ist das zu versendende Datenpaket [104].

$$11111010\mathbf{00000} + 10010 = 11111010\mathbf{10010} \tag{6.1}$$

Die CRC-Prüfung durch den Empfänger erfolgt ebenfalls mit einer Modulo-2-Division des empfangenen Datenpakets und des CRC-Prüfpolynoms. Liegt nach der Division ein Rest von Null vor, wurde kein Fehler in der Übertragung des Datenpaketes und der Prüfsumme erkannt [61].

Die Wahrscheinlichkeit eines nicht erkannten Datenpakets setzt sich zusammen aus der Wahrscheinlichkeit, dass ein Datenpaket fehlerhaft ist und der Wahrscheinlichkeit, dass dieser Fehler durch eine CRC-Prüfung nicht erkannt wurde [104].

Eine fehlerfreie Datenübertragung hängt stark von der Anzahl der Teilnehmer und der Belegung der Funkkanäle ab. Die Belegung der Funkkanäle hängt wiederum von der tatsächlich übertragenen Datenmenge ab. Befinden sich viele

6.3 Datenintegrität der Aufzeichnung und Übertragung

Teilnehmer im Empfangsbereich, die aber sehr wenige Daten übertragen, wird die Datenübertragung nur gering beeinflusst. WLAN und Bluetooth verwenden ebenfalls das 2,4 GHz Frequenzband und können somit als potenzielle Störer angesehen werden. In der Umgebung des Funknetzwerks befinden sich sehr wenige weitere Teilnehmer, mit sehr geringen Datenaufkommen. Es wird von maximal acht Teilnehmer ausgegangen, die sich in Funkreichweite befinden. Eine größere Anzahl an Teilnehmern ist kaum anzunehmen. Weitere potenzielle Störer wären die Mobiltelefone der Fahrer mit den integrierten WLAN- und Bluetooth-Schnittstellen, und das Hof-WLAN. Aufgrund der wenigen Sender in dieser Umgebung weist die Funkübertragung eine sehr geringe Fehlerrate auf.

Die Package Error Rate[7] (PER) hängt ebenfalls von der Qualität des Funksignals ab. In der Abbildung 6.4 ist die Abhängigkeit der PER von der LQI dargestellt. Die Wahrscheinlichkeit eines fehlerhaft übertragenen Datenpakets wird im LaSeKo-Protokoll dadurch verringert, dass die Übertragung erst bei einer ausreichenden Signalstärke (LQI) gestartet werden darf. Ein Kompromiss zwischen der Reichweite und der PER muss hier eingegangen werden. Eine Reichweite von mindestens 50 m wird benötigt, jedoch verringert dies die LQI und erhöht die PER. Hierauf wird näher im Kapitel 7 eingegangen.

Die Wahrscheinlichkeit für einen nicht detektierbaren Fehler ist in Gleichung 6.2 aufgezeigt. In der Gleichung 6.3 wird die Wahrscheinlichkeit eines nicht detektierbaren Fehlers für den IEEE 802.15.4 Standard bestimmt. Die Anzahl aller möglichen falschen Nachrichten, aber nicht detektierbaren Nachrichten, ist diese eine richtige Nachricht. Die Anzahl aller falschen Nachrichten beträgt dann genau alle Nachrichten M(x) minus, die eine richtige.

$$W = \frac{Anzahl\ der\ nichterkennbaren\ Fehler}{Anzahl\ der\ möglichen\ Fehler} = \frac{\frac{2^{1000}-1}{2^{16}}}{2^{1000}-1} \approx 2^{-16} \quad (6.2)$$

$$W = \frac{M(x)/R(x) - 1}{M(x) - 1} = \frac{\frac{2^{1000}-1}{2^{16}}}{2^{1000}-1} \approx 2^{-16} \quad (6.3)$$

Ein CCITT-Polynom, welches in diesem konkreten Fall verwendet wird, hat laut Baicheva [44] eine Hemmingdistanz von vier, sofern die zu prüfenden Daten eine Länge zwischen 18 und 1024 Bit haben. Die Hemmingdistanz gibt

---

[7]deutsch: Paketfehlerrate

6 Kommunikationssoftware und deren Sicherheit

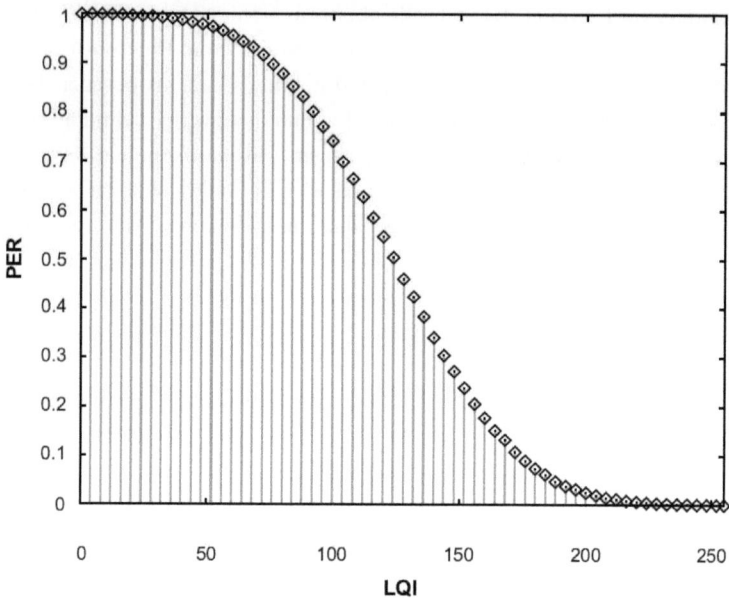

Abbildung 6.4: PER in Abhängigkeit der LQI [42]

an, um welche Anzahl an Bits sich alle gültigen Datensätze unterscheiden. Um ein fehlerhaften Datenframe nicht zu erkennen, müssen mindestens vier Bits korrumpiert werden. Das CRC-CCITT erkennt alle ungeraden Bitfehler [104].
Die Anzahl der nicht entdeckten Fehler hängt auch vom verwendeten Prüfpolynom ab. Der IEEE 802.15.4 Standard verwendet das CCITT-Polynom und kann aus Kompatibilitätsgründen nicht gewechselt werden. Untersuchungen ergaben, dass es Polynome gibt, die um den Faktor zwei besser für die Fehlererkennung geeignet wären [43].

Eine gezielte Verfälschung der Daten kann eine CRC-Prüfung nicht erkennen, jedoch eine zufällige Korrumpierung der Daten kann mit einer sehr hohen Wahrscheinlichkeit detektiert werden. In der Praxis ist diese hohe Wahrscheinlichkeit ein Beleg für die Effizienz der CRC-Prüfung und sie ist Standard in vielen Bus- und Funksystemen.

6.3 Datenintegrität der Aufzeichnung und Übertragung

6.3.3 ARQ-Protokolle

Wurde ein fehlerhafter Frame vom Empfänger erkannt, verwirft er die empfangen Daten und fordert automatisch eine erneute Übertragung des Frames an. Derartige Verfahren werden Automatic Repeat Request[8] (ARQ) Protokolle genannt. Zu den ARQ-Protokollen gehören das Go Back N, das Selecitve Repeat Request und das Stop'n'Wait.

Beim Go Back N Verfahren werden ständig Datenpakete versendet, ohne auf ein Antworttelegramm zu warten. Wird ein Datenpaket oder des Antworttelegramm korrumpiert, werden das entsprechende Datenpaket und alle nachfolgenden Pakete verworfen und erneut versendet. Das Selective Repeat Request versendet ebenfalls fortlaufend Datenpakete und sendet nur die korrumpierten Datenframes erneut. Dies ist das schnellste Verfahren mit dem geringsten Datenverkehr [97].

Der verwendete AT86rfRF231 Funkchip unterstützt das Stop'n'Wait Protokoll. Hierbei wird jedes versendete Datenframe mit einem Antworttelegramm vom Empfänger bestätigt. Bleibt diese Antwort aus, wird nach Ablauf eines zufälligen Zeitfensters, welches aber begrenzt ist, das Frame erneut gesendet. Dieser Vorgang kann bis zu sieben Mal wiederholt werden und muss im verwendeten Funkchip initialisiert werden. Nach dem Erreichen der vorgegebenen Sendeversuche wird der Vorgang abgebrochen. Mit diesem Verfahren werden folgende Fehler erkannt:

- ein korrumpiertes Datenpaket wird vom Empfänger erkannt und verworfen

- das Datenpaket geht verloren

- das Antworttelegramm wird korrumpiert und vom Sender verworfen

- das Antworttelegramm geht verloren

Diese Fehler veranlassen den Sender zu einer erneuten Übermittlung. Die korrumpierten Telegramme werden durch eine fehlerhafte CRC erkannt. Die Übertragungssicherheit wird durch dieses Verfahren um ein Vielfaches erhöht. Jedoch erhöht es das Datenaufkommen, zumal zu jedem versendetem Datenframe ein zusätzliches Antwortframe übermittelt werden muss.

---
[8]deutsch: Automatische Anfrage einer Wiederholung

6 Kommunikationssoftware und deren Sicherheit

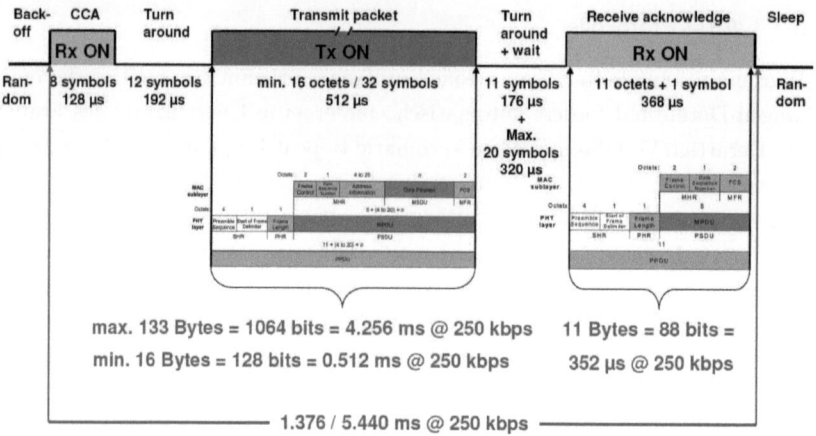

Abbildung 6.5: Übertragungszeiten des IEEE 802.15.4 Standards [71]

In Abbildung 6.5 ist das Roundtrip-Timing einer IEEE 802.15.4 Übertragung mit Antworttelegramm dargestellt. Durch unterschiedliche Berechnungszeiten variiert die Gesamtzeit des Roundtrips. Es ist zu erkennen, dass der Datenverkehr durch die Verwendung einer automatischen Bestätigung um 10% ansteigt.

6.3.4 MD5-Prüfsumme der XML-Dateien

Eine weitere Überprüfung erfolgt nachdem der Empfänger die Datenframes wieder zu einer Datei zusammengefügt und gespeichert hat. Diese erfolgt mittels einer MD5-Prüfsumme, die aus einem 128-Bit langem Hashwert besteht [102]. Die Prüfsumme wird vom Sender für jede zu übertragene Datei berechnet und im Infoframe am Anfang der Kommunikation an den Empfänger übertragen. Nachdem Empfang der Datei bestimmt der Empfänger ebenfalls die MD5-Prüfsumme der Datei und vergleicht diese mit der vom Sender errechneten Prüfsumme. Beide Werte müssen exakt übereinstimmen. Ist dies nicht der Fall, wurden die Daten korrumpiert und werden verworfen.

Bei einer bewussten Verfälschung der Daten ist dies Verfahren nicht sicher. Indem aber der Datenverkehr verschlüsselt und schon die einzelnen Frames mit einer CRC überprüft wurden, kann durch den Vergleich der MD5-Prüfsummen eine, nach dem heutigen Stand der Technik, absolute Übereinstimmung der

6.3 Datenintegrität der Aufzeichnung und Übertragung

Daten erreicht werden.

Kapitel 7
Feldtests und Hinweise für die Praxis

Die Verifikation der im Projekt LaSeKo entwickelten Hard- und Software erfolgte in zwei Ernteperioden. In der ersten Erntesaison 2009 wurden Grundfunktionen getestet. Die zweite Testperiode 2010 beinhaltete Tests des Gesamtsystems.

Die ersten Tests wurden durchgeführt mit dem Entwicklungsboard AT-NGW100 der Firma Atmel und einem Tochterboard, das die Firma LogicWay entwickelt hat. Dieses Tochterboard war 2009 mit zwei CAN-Schnittstellen und einer seriellen Schnittstelle bestückt. Über die serielle Schnittstelle wurden noch mit einer externen GPS-Maus Positionsdaten erfasst. Die für die LaSeKo-Box Version 2009 entwickelte Software konnte auf die nachfolgende Hardware ohne weiteres übertragen werden, da das gleiche Betriebssystem und die gleichen Mikrocontroller verwendet wurden. Die Abbildung 7.1a zeigt die in der Mähdrescherkabine montierte LaSeKo-Box Version 2009 mit dem John Deere Gateway.

Die vom Gateway versendeten CAN-Nachrichten wurden mit der aktuell erfassten Position und einem Zeitstempel versehen, die dann in einer Datei gespeichert wurden. Dies hatte ein sehr hohes Datenaufkommen zur Folge, allerdings konnten somit der gesamte Busverkehr nachvollzogen werden. An Hand dieser Daten konnte die Kommunikation zwischen der LaSeKo-Box und dem John Deere Gateway getestet und die Daten überprüft werden.

Für die weitere Arbeit wurde ein Werkzeug entwickelt, das die CAN-Dateien einliest und in einem XML-File ablegt. Das XML-Format wurde im Kapitel 5.1.12 beschrieben. Mit Hilfe dieses Übersetzungswerkzeugs konnten die Auf-

7 Feldtests und Hinweise für die Praxis

zeichnungsperioden und das XML-Format variiert und weiterentwickelt werden.

Für ein möglichst großes Spektrum an unterschiedlichen Szenarien wurden fünf Mähdrescher auf vier landwirtschaftlichen Betrieben mit einem Gateway und einer LaSeKo-Box ausgestattet und untersucht. Die Mähdrescher wurden so gewählt, dass sie möglichst unterschiedliche Baureihen und -jahre aufwiesen. Die Praxistests ergaben, dass nur auf den Maschinen ab Baujahr 2008 alle benötigten Daten auf einem CAN-Bus verfügbar sind.

Aus diesem Grund wurden für die Funktionstests 2010 Betriebe mit Mähdreschern ab Baujahr 2008 gesucht. Die Wahl fiel auf die Seydaland Vereinigte Agrarbetriebe GmbH & Co. KG in Seyda. Hier wurden fünf Mähdrescher der Baureihe T670i (Baujahr 2009), fünf Traktoren und die Waage mit einer LaSeKo-Box ausgerüstet. Ferner wurden - wie schon 2009 - zwei Mähdrescher W650 der Agrargenossenschaft Voigtsdorf e. G. mit LaSeKo-Boxen ausgestattet. Die Abbildung 7.1b zeigt die in der Mähdrescherkabine montierte LaSeKo-Box Version 2010 mit dem John Deere Gateway.

Die Verifikation des LaSeKo-Systems umfasste während der Feldtests die:

- Korrekte CAN-Daten Aufzeichnung

- Reichweite des Funknetzwerks

- Übertragungssicherheit und Übertragungsrate

- Datenmenge und mögliche Übertragungszeiten

- Definition des LQI-Werts

- Detektion des Überladefahrzeugs

Im ersten Schritt wurde getestet, ob die CAN-Daten des John Deere Gateways durch die LaSeKo-Box korrekt aufgezeichnet wurden. Hierzu wurde das Socket-CAN-Programm $CANDUMP$ verwendet und die CAN-Nachrichten aufgezeichnet. Die Analyse ergab, dass bei einer Buslast von mehr als einem Prozent die CAN-Daten nicht korrekt aufgezeichnet wurden. Die Untersuchungen zeigten, dass nach dem Empfang einer Nachricht der Empfangspuffer nicht gesperrt wurde. Somit wurde der Puffer sofort durch die nächste Nachricht überschrieben und der Inhalt verfälscht. Der Fehler lag im Linux-Gerätetreiber

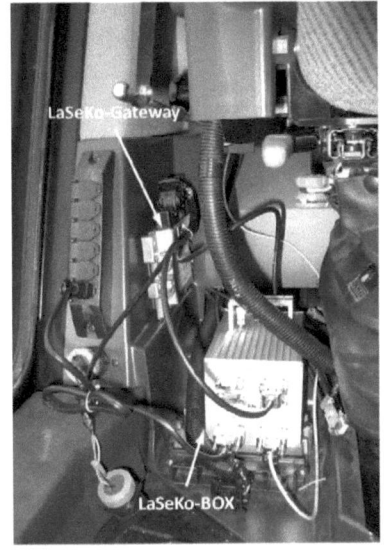 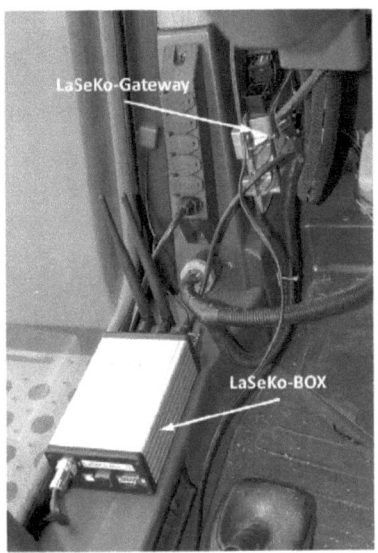

(a) LaSeKo-Box Version 2009 und John Deere Gateway (b) LaSeKo-Box Version 2010 und John Deere Gateway

Abbildung 7.1: LaSeKo-Installationen in der Mähdrescherkabine

des MCP251x und wurde in der Kernelversion 2.6.35 behoben. Nach dem Einpflegen des neuen Treibers wurden keine Fehler mehr festgestellt.

Die Reichweite ist ein sehr wichtiges Kriterium eines Funkstandards. In den Feldversuchen wurde eine Reichweite von mindestens 150 m gemessen. Die Kontaktaufnahme der Funkteilnehmer erfolgte aufgrund der LQI-Grenze bei etwa 100 m. Laut Herstellerangaben liegt die Reichweite bei bis zu 500 m. Dies konnte nicht erreicht werden, da sich die Antennen in den Fahrerkabinen der Maschinen befanden und keine HF-Optimierung bei der Platinenentwicklung vorgenommen wurde. Eine Erhöhung der Reichweite kann durch externe Antennen und weitere HF-Optimierungen erreicht werden. Für das LaSeKo-Projekt war die Reichweite von 150 m mehr als hinreichend.

Da jedes Datentelegramm vom Empfänger quittiert und die Daten durch eine CRC geprüft werden mussten, sind keine Datenfehler aufgetreten. Wurden Daten nicht korrekt übertragen, wurden diese sofort verworfen.

7 Feldtests und Hinweise für die Praxis

Die theoretische Nettodatenübertragungsrate des IEEE 802.15.4 Funkstandards beträgt 18 kByte/s [71]. Aufgrund des verwendeten Userspacetreibers wurde in den Tests eine Nettodatenrate von 10 kByte/s gemessen. Durch die Verwendung des Kerneltreibes können nahezu die theoretischen Werte erreicht werden.

Mit der gemessenen Datenrate können während des Überladevorgangs ca. 1,8 MByte übertragen werden. Diese ergibt sich aus der Nettodatenrate und dem Zeitraum, in dem die Maschinen in Kontakt stehen. Dieser Zeitraum ist die Annäherung des Überladefahrzeugs an den Mähdrescher, das Überladen des Getreides und das Entfernen. Dieser Zeitraum beträgt mindestens 180 Sekunden. Ein Überladevorgang erfolgt bei geringen Erträgen in Abständen von 20 Minuten.

Durch die Komprimierung der XML-Maschinendaten wurde eine Maschinendatenrate von 60 kByte/h erreicht. Daraus ergibt sich das bei jedem Überladevorgang eine Datei mit einer Größe von 20 kByte übertragen werden muss. Die benötigte Zeit zur Kontaktaufnahme der Maschinen beträgt ca. eine Sekunde und die Übertragung der 20 kByte Daten zwei Sekunden. Somit werden drei Sekunden des 180 Sekunden langen Überladefensters benötigt und dies zeigt, dass wesentlich mehr Daten übertragen werden könnten.

Für eine Datenübertragung zwischen zwei Prozesspartnern musste ein vorher definierter LQI-Wert erreicht werden. Der Schwellwert konnte erst in den Praxistests festgelegt werden. Sobald die Entfernung weniger als 50 m beträgt, sollte die Datenübertragung erfolgen. Der ermittelte LQI-Wert betrug 70. Dieser wurde dann in die Konfigurationsdateien eingepflegt und beim nächsten Neustart des Linux berücksichtigt.

Ebenso wurde überprüft, ob die Überladefahrzeuge von den jeweiligen Mähdreschern korrekt erkannt worden sind. Es wurden die Prozesspartner und Zeiten der Überladevorgänge notiert und mit den erfassten XML-Daten verglichen. In den dokumentierten Fällen wurden die Fahrzeuge korrekt erkannt. Hierdurch kann eine geforderte Rückverfolgbarkeit des Getreides realisiert werden. Für eine sichere und rechtssichere Dokumentation müssen aber weitere Untersuchungen durchgeführt werden. Jedoch wurde nachgewiesen, dass eine lückenlose Rückverfolgbarkeit von Erntegütern mit diesem Verfahren erreicht werden kann.

Mit Hilfe eines Network Analysers von Atmel konnte der Funkverkehr auf dem Feld beobachtet werden. In der Abbildung 7.2 ist die Kontaktaufnahme zwischen zwei Prozesspartnern anhand des LaSeKo-Funkprotokolls aus Abbildung 6.2 zu erkennen. Das erste Frame ist ein Beacon Request Command, auf diese Anfrage antworten alle Teilnehmer im Empfangsbereich mit einem Beacon, der nach dem Empfang vom Sender evaluiert wird. Sobald der Empfänger alle Kriterien wie Prozesspriorität und LQI erfüllt, wird das dritte Frame, das sogenannte Infoframe, gesendet. Dieses Infoframe wird vom Empfänger mit einem Acknowledgeframe quittiert. Im Anschluss erfolgt die Datenübertragung.

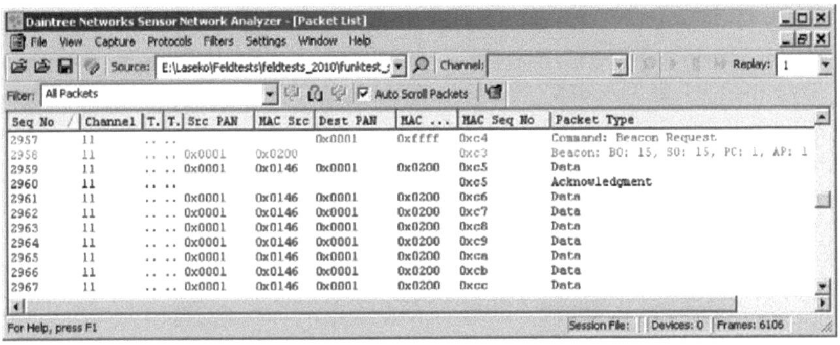

Abbildung 7.2: Kontaktaufnahme zwischen zwei Prozesspartnern

7.1 Hinweise für die Praxis

Die Entwicklung und Feldtests eines autonomen funkbasierten Dokumentationssystems zeigte die folgenden speziellen Anforderungen im Bereich der mobilen Arbeitsmaschinen.

1. unempfindlich gegen Schwingungen

2. unempfindlich gegen Staub und Feuchtigkeit

3. einfache Entwicklung von Anwendungen

4. hohe Flexibilität der Schnittstellen, der Rechen- und Speicherkapazität

5. die ausgewählte Hardware muss durch Softwaretreiber unterstützt werden

7 Feldtests und Hinweise für die Praxis

6. die Datenübertragung muss auch in ländlichen Gebieten gewährleistet sein

7. die Kommunikation zwischen den Maschinen muss herstellerübergreifend erfolgen

Ein solches System muss den gegebenen Beanspruchungen standhalten. Diese sind im Bereich der mobilen Arbeitsmaschinen Schwingungen, Staub und Feuchtigkeit. Deshalb muss schon in der Entwicklungsphase auf die Einhaltung der geforderten IP-Schutzklassen (Ingress Protection), nach der ISO-Norm 20653, geachtet werden. Für die Entwicklung von Prototypen ist dies aber nicht die höchste Priorität, da solche Gehäuse mit sehr hohen Kosten verbunden sind. Die LaSeKo-Boxen wurden in der Maschinenkabine montiert und waren somit keinen gravierenden Umwelteinflüssen ausgesetzt.

Durch die Verwendung eines Embedded Betriebssystems wird eine einfache Entwicklung von Anwendungen ermöglicht. Da hier auf vorhandene Bibliotheken und Programme aufgebaut werden kann. Weiterhin sind alle benötigten Schnittstellen unter Linux, Standard Softwaredevices, die hardwareunabhängig gleich programmiert werden. Die zumeist verwendeten Betriebssysteme im Embedded Bereich sind Embedded Linux, Windows CE, QNX und Windows Embedded 7 Standard. Für die Windowssysteme fallen Lizenzkosten an. Aus diesem Grund ist der Marktanteil von Linux höher als der von Windows [18]. Wird auf Standardtreiber und -komponenten gesetzt, ist der Entwicklungsaufwand bei allen Systemen nahezu gleich. Da die Getreideernte nur vier bis sechs Wochen beträgt, wurde mit Hilfe eines PEAK-USB CAN-Daten unter Linux aufgezeichnet und wieder abgespielt. Somit konnte der reale CAN-Busverkehr exakt mit Inhalt, Anzahl der Nachrichten und dem Zeitverhalten abgebildet werden.

Eine hohe Flexibilität der Schnittstellen, Rechen- und Speicherkapazität wird mit einem modular aufgebauten System erreicht, d. h. das Mainboard kann - wie im Beispiel der LaSeKo-Box Hardware in der Abbildung 5.14 - ausgetauscht werden. Andere Systeme bieten sogar modulare Schnittstellenboards. Diese können dann anhand der benötigten Hardware zusammengestellt werden.

Der Entwicklungsaufwand hängt stark von den vorhandenen Softwaretreibern ab. Hier sollte möglichst Hardware verwendet werden, deren Softwaretreiber schon implementiert ist und die in vielen weiteren Applikationen verwendet

7.1 Hinweise für die Praxis

wird. Denn dadurch werden mögliche Fehler schneller erkannt und behoben. Desweiteren ist die Entwicklung eines Treibers mit sehr hohem und deshalb zu vermeidendem Entwicklungsaufwand verbunden.

Am Ernteprozess sind sehr selten Maschinen nur eines Herstellers beteiligt. Aus diesem Grund müsste jedes Fahrzeug mit einer LaSeKo-Box ausgestattet werden oder es wird sich herstellerübergreifend auf einen gemeinsamen Funkstandard geeinigt. Somit könnten die Kosten auch sehr gering gehalten werden, da auf den heutigen Terminals nur eine zusätzliche Funkschnittstelle vorgesehen werden müsste. Alle weiteren benötigten Funktionen sind in den aktuellen Boardrechnern schon integriert. Als Nahbereichsfunkschnittstelle würden die in Kapitel 5.1.4 schon erwähnten Standards in Frage kommen, wobei WLAN aufgrund seiner hohen Verbreitung, der hohen Datenrate und einer vorhandenen Stromversorgung auf den Maschinen die beste Wahl wäre.

Ein Nachteil des WLAN-Funkstandards ist, dass für ein Stern-Netzwerk ein zusätzlicher Access-Point benötigt wird. In dem neuen Standard WiFi Direct [31] wird dies auch ohne zusätzliche Peripherie ermöglicht. Um aber in der Landwirtschaft mit WiFi Direct zu arbeiten, wird noch ein Funkprotokoll benötigt. Das Funkprotokoll beschreibt u. a. die Adressierung, Kontaktaufnahme, An- und Abmelden sowie Zugriffsberechtigungen von Netzwerkteilnehmern. Dieses muss von allen Herstellern akzeptiert umgesetzt und in der ISOBUS Norm verankert werden. Eine weitere und schnellere Möglichkeit einer Umsetzung wäre im Rahmen der Agricultural Industry Electronics Foundation (AEF).

Kapitel 8

Zusammenfassung und Ausblick

Ein selbstkonfigurierendes Dokumentationssystem wurde darauf hin untersucht inwieweit es für den Einsatz im Bereich der mobilen Arbeitsmaschinen verwendet werden kann. Es wurden die speziellen Anforderungen in der Landwirtschaft untersucht und mit welchen Standards die Problemstellungen gelöst werden können. Hierbei wurde deutlich, dass neue Funkprotokolle entwickelt werden müssen, da die Rollen der Kommunikationspartner erst nach der Kontaktaufnahme ausgehandelt werden.

Weiterhin wurde nachgewiesen, dass die speziell entwickelte Hardware der rauen Umgebung standhält und sehr zuverlässig arbeitet. Auch wurden die Anforderungen an Reichweite, Datenrate und Rechenleistung ohne Einwände erfüllt. Es wurde ebenfalls nachgewiesen, dass mittels eines Nahbereichsfunkstandards ein sehr kostengünstiges Dokumentationssystem aufgebaut werden kann. Denn die Rechenperformance auf aktuellen Erntemaschinen erfüllt alle gestellten Anforderung bis auf eine Maschine-Zu-Maschine Kommunikation. Es müssten lediglich zusätzliche Funkschnittstellen für den Nahbereich vorgesehen werden.

Die von den Konsumenten und der Gesetzgebung geforderten lückenlose Rückverfolgbarkeit wurde ebenfalls erreicht. Außerdem wurde die Sicherheit der Kommunikationsstrukturen untersucht. Die verwendeten Verschlüsselungsalgorithmen gelten nach heutigem Erkenntnisstand als sehr sicher und es wurden redundante Mechanismen verwendet. Ebenfalls wurde nachgewiesen, dass im Falle des Ausfalls der Funkkommunikation die Vollständigkeit der Maschinendaten garantiert werden kann.

8 Zusammenfassung und Ausblick

Um den Landwirt einen wirklichen Mehrwert durch ein solches System zu bieten, müssten die Maschinen herstellerübergreifend kommunizieren. Im Rahmen der ISO 11783 Norm könnte ein gemeinsamer physikalischer Funkstandard festgelegt werden. Jedoch wird dann noch ein Funkprotokoll benötigt, in dem z. B. das An- und Abmelden von Netzwerkteilnehmern, die Adressierung usw. definiert wird.

Es wurde auch gezeigt, dass viele weitere Anwendungen mit Hilfe der drahtlosen Kommunikation möglich sind. Die Durchsatzsensoren der selbstfahrenden Erntemaschinen könnten automatisch kalibriert werden. Hierdurch könnte die von den Landwirten geforderte hoch genaue Ertragskartierung realisiert werden. Besonders interessant für Lohnunternehmer wäre eine automatische Lieferscheinerstellung, die mit einer Nahbereichskommunikation lösbar wäre.

Die vorliegende Arbeit zeigt, dass das entwickelte System und die dazu gehörigen Kommunikationsmechanismen den hohen Anforderungen sehr gut gewachsen ist und das in Zukunft neue Kommunikationstechniken in mobile Arbeitsmaschinen integriert werden.

Literaturverzeichnis

[1] *Advanced Encryption Standard.* http://de.wikipedia.org/wiki/Advanced_Encryption_Standard. – Zugriff am 12.01.2011

[2] CLAAS Agrocom: *AGRO MAP Funktionen im Überblick.* http://www.agrocom.com/de/precision-farming/kartenerstellung-kartierung/agrocom-map.html. – Zugriff am 22.03.2011

[3] *Atmel - AVR32 Studio.* http://www.atmel.com/dyn/products/tools_card.asp?tool_id=4116. – Zugriff am 27.12.2010

[4] *Atmel Buildroot.* http://www.atmel.no/buildroot/buildroot-bin.html. – Zugriff am 30.11.2010

[5] *AVR2025: IEEE 802.15.4 MAC Software Package - User Guide.* http://www.atmel.com/dyn/products/tools_card.asp?tool_id=4675. – Zugriff am 10.12.2010

[6] *Avrfreaks - A tiny Firmware NGW100.* http://www.avrfreaks.net/wiki/index.php/Documentation:NGW/TinyFirmware. – Zugriff am 26.12.2010

[7] *Buildroot.* http://www.buildroot.net/about.html. – Zugriff am 30.11.2010

[8] *Buildroot Dokumentation.* http://buildroot.uclibc.org/buildroot.html#manual-tutorial. – Zugriff am 01.12.2010

Literaturverzeichnis

[9] *Bundesdatenschutzgesetz.* http://bundesrecht.juris.de/ bundesrecht/bdsg_1990/gesamt.pdf. – Zugriff am 20.11.2010

[10] *CAN Utilities der Firma Pengutronix.* http://www.pengutronix. de/software/socket-can/download/canutils/v4.0. – Zugriff am 17.12.2010

[11] *Car 2 Car Communication Consortium.* http://www.car-to-car.org/ index.php?id=8. – Zugriff am 20.03.2011

[12] CLAAS: *CLAAS DYNAMIC POWER.* http://app.claas.com/2011/ jaguar/de_de/durchsatz/dynamicpower.php. – Zugriff am 22.11.2011

[13] IHK Hannover: *DIHK-IHK-Infoblatt.* http://www.muenchen. ihk.de/mike/ihk_geschaeftsfelder/innovation/Anhaenge/ Infoblatt-DIHK-IHK-Hannover.pdf. – Zugriff am 22.03.2011

[14] *DIMM-CPU-CB09 Träger- und Schnittstellenplatine Handbuch (LogicWay GmbH).* http://www.logicway.de/medien/mde/dimm-cpu09/ DIMM-CPU-CB09.pdf. – Zugriff am 25.11.2010

[15] *DIMM-CPU09 CPU Modul Handbuch (LogicWay GmbH).* http://www. logicway.de/medien/mde/dimm-cpu09/DIMM-CPU09.pdf. – Zugriff am 25.11.2010

[16] *ESX-TC3 Linux basiertes Teleservicemodul mit integrierten Antennen.* http://www.sensor-technik.de/dbdownload/downger_13_3.pdf. – Zugriff am 24.11.2010

[17] *Lebensmittelhygiene - Verordnung.* http://bundesrecht.juris.de/ bundesrecht/lmhv_2007/gesamt.pdf. – Zugriff am 5.11.2010

[18] *Linux ist das meistgenutzte Embedded-Betriebssystem.* http://www.heise.de/newsticker/meldung/ Studie-Linux-ist-das-meistgenutzte-Embedded-Betriebssystem/ -202992.html. – Zugriff am 13.03.2011

[19] *Linux(Kernel).* http://de.wikipedia.org/wiki/Linux_%28Kernel%29. – Zugriff am 30.11.2010

Literaturverzeichnis

[20] *LogicWay - Patches für Buildroot-20ß08.* http://www.logicway.de/pages/mde-hardware.dimm-cpu09.shtml. – Zugriff am 27.12.2010

[21] Deutsche Landwirtschafts-Gesellschaft: *Mähdrescher: Wo drückt der Schuh?* http://www.agrarheute.com/dlg-maehdrescher. – Zugriff am 11.10.2011

[22] *NMEA 0183 Standard.* http://de.wikipedia.org/wiki/NMEA_0183. – Zugriff am 21.12.2010

[23] *OpenSource Projekt Linux-ZigBee.* http://sourceforge.net/apps/trac/linux-zigbee/. – Zugriff am 09.12.2010

[24] *POSIX Threads Programming.* https://computing.llnl.gov/tutorials/pthreads/. – Zugriff am 09.01.2011

[25] *Produkthaftungsgesetz.* http://bundesrecht.juris.de/bundesrecht/prodhaftg/gesamt.pdf. – Zugriff am 10.11.2010

[26] *Socket CAN.* http://en.wikipedia.org/wiki/SocketCAN. – Zugriff am 12.12.2010

[27] *Tarifvergleich von Datenflatrates.* http://www.prepaid-test.net/tarife-vergleich/daten-flatrate-prepaid-oder-vertrag-der-flatratesvergleich. – Zugriff am 29.11.2010

[28] *United Nations World Populations Prospects: The 2008 Revision Population Database.* http://esa.un.org/unpp/. – Zugriff am 20.03.2011

[29] *Vergleich der IEEE 802.15.4 Chipsätze.* http://www.mikrocontroller.net/articles/ZigBeeModule. – Zugriff am 09.12.2010

[30] *Verwendung von UIO unter Embedded Linux.* http://www.avrfreaks.net/index.php?name=PNphpBB2&file=printview&t=88412&start=0. – Zugriff am 10.12.2010

[31] *WiFi Direct Standard.* http://www.wi-fi.org/Wi-Fi_Direct.php. – Zugriff am 15.03.2011

Literaturverzeichnis

[32] International Organization for Standardization (ISO): *DIN ISO 7064 - Informationsverarbeitung - Prüfzeichen-Verfahren.* 08 1984

[33] International Organization for Standardization (ISO): *ISO/IEC 13239 - Informationstechnik - Telekommunikation und Informationsaustausch zwischen Systemen - HDLC-Verfahren.* 07 2002

[34] IEEE Std 802.15.4-2006: *Part 15.4: Wireless Medium Access Control (MAC) and Physical Layer (PHY) Specifications for Low-Rate Wireless Personal Area Networks(WPANs).* 09 2006

[35] Society of Automotive Engineers (SAE): *SAE J1939-71: Vehicle Application Layer.* 06 2006

[36] National Marine Electronics Association: *NMEA 0183, The Standard for Interfacing Marine Electronics.* 11 2008

[37] International Organization for Standardization (ISO): *ISO 11783-10: Tractors and machinery for agriculture and forestry – Serial control and communications data network – Part 10: Task controller and management information system data interchange.* 08 2009

[38] Optimierungsleitfaden für Mähdrescher. In: *John Deere Prospekt Nr. YY0914256D* (2009)

[39] ACHILLES, Albrecht: *Umsetzung der Cross-Compliance bei Druschfrüchten.* Darmstadt : KTBL, 2007

[40] ALB-BAYERN: Grundsätzliche Empfehlungen zu Lagerung und Transport von Lebens- und Futtermitteln im landwirtschaflichen Betrieb. In: *ALB - Infobrief* (2005)

[41] ANDRES, S.: *Implementierung und Kosten-Nutzen-Analyse automatischer Datenerfassungssysteme in russischen Agrarholdings.* Stuttgart-Hohenheim, Universität Hohenheim, Diss., 2009

[42] ATMEL (Hrsg.): *AT86RF231 - Low Power 2.4 GHz Transceiver for ZigBee, IEEE 802.15.4, 6LoWPAN, RF4CE, SP100, WirelessHART, and ISM Applications.* San Jose: Atmel, 2009. http://www.atmel.com/dyn/resources/prod_documents/doc8111.pdf. – Zugriff am 11.01.2011

Literaturverzeichnis

[43] BAICHEVA, T.: Determination of the best CRC codes with up to 10-bit redundancy.

[44] BAICHEVA, T. ; DODUNEKOV, S. ; KAZAKOV, P.: Undetected error probability performance of cyclic redundancy-check codes of 16-bit redundancy. In: *IEE Proc.-Commun* 147 (2000)

[45] BECK, F. ; LENZ, J. ; GORDON, D.: Sensing Techniques for Condition Monitoring. In: *67. Land.Technik AgEng 2009, Agricultural Engineering*. Düsseldorf, 2009

[46] BEPLATE-HAARSTRICH, L. ; STEINMEIER, U. ; HÖRSTEN, D. v. ; LÜCKE, W.: RFID-Transponder im Einsatz zur Rückverfolgung von Getreide. In: *Land.Technik 2008, Agricultural Engineering*. Düsseldorf, 2008

[47] BERNARDI, A.: iGrenn: Organisationsübergreifendes Wissensmanagement in öffentlich-privater Kooperation. In: *KTBL-Schrift 480, Automatisierung und Roboter in der Landwirtschaft*. Darmstadt, 2010

[48] BERNHARDT, H.: *Schüttguttransport in landwirtschaftlichen Betrieben Deutschlands*. Gießen, Justus-Liebig-Universität Gießen, Diss., 2002

[49] BERNHARDT, H.: *Verfahrenstechnische Konsequenzen zur Bewältigung ordnungspolitischer Vorgaben und Handelsnormen bei der Getreideproduktion unter Einbeziehung der Mykotoxinproblematik*. 1.Auflage. Göttingen : Cuviller Verlag, 2005

[50] BLESS, R. ; MINK, S. ; BLASS, E.-O. ; CONRAD, M. ; HOF, H.-J. ; KUTZNER, K. ; SCHÖLLER, M.: *Sichere Netzwerkkommunikation: Grundlagen, Protokolle und Architekturen*. Berlin : Springer, 2005

[51] CLAAS-TELEMATICS: TELEMATICS: Leistung steigern. (2008). http://www.agrocom.com/uploads/tx_clagrocom/DE_telematics_101201_web.pdf. – Zugriff am 30.12.2010

[52] CLAAS-TELEMATICS: Frühdrescher. (2010). http://app.claas.com/news2009/futtererernte/de/pdf/claas-fruehkauf-2009.pdf. – Zugriff am 05.10.2010

Literaturverzeichnis

[53] CORBET, J. ; RUBINI, A. ; KROAH-HARTMAN, G.: *Linux Device Drivers.* O'Reilly, 2005

[54] DEMMEL, M.: *Ertragsermittlung im Mähdrescher.* Frankfurt / Main, 2007

[55] FECHNER, T.: *Verschiedene Erweiterungen an einem AVR32- System.* Wismar, Hochschule Wismar Fakultät für Ingenieurwissenschaften, Belegarbeit, 2009

[56] FECHNER, T.: *Hard- und softwaretechnische Inbetriebnahme eines Linuxbasierten Fahrzeug-Bordcomputers.* Wismar, Hochschule Wismar Fakultät für Ingenieurwissenschaften, Bachelorarbeit, 2010

[57] FECHTELER, T.: Zwischenbericht LaSeKo. (2010)

[58] FEIFFER, A.: Erntestrategie in großen und kleinen Betrieben. In: *Landpost* (07/2007)

[59] FELLMETH, P. ; SÖHNLE, H.: Quo Vadis SAE J1939 - Überblick über die Standardisierungsaktivitäten bei SAE J1939. In: *Elektronik automotive* (2010)

[60] GARCIA, L. R.: *Development of monitoring applications for refrigerated perishable goods transportation.* Madrid, UNIVERSIDAD POLITÉCNICA DE MADRID, Diss., 2008

[61] GESSLER, Ralf ; KRAUSE, Thomas: *Wireless-Netzwerke für den Nahbereich - Eingebettete Funksysteme: Vergleich von standardisierten und proprietären Verfahren.* Vieweg und Teubner, GWV Fachverlage GmbH, Wiesbaden, 2009

[62] GRÄFE, M.: *C und Linux - Die Möglichkeit des Betriebssystems mit eigenen Programmen zu nutzen.* München : Hanser Verlag, 2006

[63] GÖRES, T.: *Methoden zur Datenkompression für den Telematikeinsatz am Beispiel mobiler Arbeitsmaschinen.* Braunschweig, TU Braunschweig, Diss., 2009

[64] GÖRES, T. ; GROTHAUS, H.-P. ; RUSTEMEYER, T. ; MÖLLER, A.: Development of a data management system for Teleservice applications on mobile working machines - DAMIT. In: *Land.Technik AgEng 2007, Agricultural Engineering*. Düsseldorf, 2007

[65] HARTKOPP, O. ; THÜRMANN, U.: *Low Level CAN Framework - Application Programmers Interface*. Wolfsburg : Volkswagen AG, 2006

[66] HASSELBERG, M.: *Embedded Linux in der Mikrocontrollerpraxis*. Aachen : Elektor, 2010

[67] HEROLD, H.: *Linux/Unix-Systemprogrammierung*. Bonn : Addison-Wesley, 2002

[68] HIRAI, Y. ; SCHROCK, M. D. ; OARD, D. L. ; HERRMAN, T. J.: A Proof of Concept Delivery System for Grain Tracing Caplets on the Combine. In: *2005 ASAE Annual Meeting*. St. Joseph, 2005

[69] KOFLER, M.: *Linux 2010: Debian, Fedora, openSUSE, Ubuntu*. München : Addison-Wesley, 2009

[70] KROLL, J.: Android - die dritte Kraft. In: *Elektronik* 23 (2010)

[71] KUPRIS, G. ; BINHACK, M.: Exploring the Actual Limits of IEEE 802.15.4. In: *Wireless Congress System and Application*. München, 2009

[72] KUPRIS, G. ; SIKORA, A.: *ZigBee: Datenfunk mit IEEE 802.15.4 und ZigBee*. 1. Auflage. München : Franzis Verlag, 2007

[73] KÜHL, I. ; FAY, A.: Anforderungen an Fern-Service-Systeme. In: *ATP Automatisierungsstechnische Praxis* (2009)

[74] LAURENT, S. S. ; FITZGERALD, M.: *XML kurz und gut*. Köln : O'Reilly, 2006

[75] LINEAS: Forschungsprojekt DAMIT. (2008). http://www.eckcellent-it.de/fileadmin/files/images/aktuelles/Veranstaltungen/2080213_exponat_v.2.0.pdf. – Zugriff am 25.07.2010

Literaturverzeichnis

[76] LIU, G. ; YING, Y.: Application of Bluetooth technology in greenhouse environment, monitor and control. In: *Agric Life Sci.* 29 (2003), S. 329–334

[77] LOGICWAY, Schwerin: *Zustandbeschreibung-Boardsteuerung, DIMM-CPU-CB09-C*, 2010

[78] L.RUIZ-GARCIA ; LUNADEI, L. ; BARREIRO, P. ; I.ROBLA, J.: A Review of Wireless Sensor Technologies and Applications in Agriculture and Food Industry: State of the Art and Current Trends. In: *sensors* (6/2009)

[79] LUTHER, M. ; M.KAMNENG ; BRANDT, V. ; STECKEL, T. ; NÜSSER, W.: Prozessintegration mobiler Landmaschinen mittels automatisch erzeugter BPEL-Prozesse. In: *Wirtschaftsinformatik 49* (2007)

[80] MECKLENBURG, R.: *GNU make*. Köln : O'Reilly, 2005

[81] MEYER, H.J. ; RUSCH, C.: Entwicklung der technischen Lösung für die Kommunikation der Container bzw. Baumaschinen untereinander sowie innerhalb des Gesamtsystems (ESOB) / AiF PRO INNO II Zusammenfassende Projektbeschreibung zum Förderkennzeichen KF 0088501SS4 Berlin. Berlin, 2007. – Forschungsbericht

[82] MEYER, H.J. ; RUSCH, C.: Selbstkonfigurierendes Kommunikationssystem zur Überwachung, Optimierung und Dokumentation von Arbeitsprozessen. In: *4. Fachtagung Baumaschinentechnik*. Dresden, 2009

[83] NADIMI, E. S. ; SØGAARD, H. T. ; BAK, T. ; OUDSHOORN, F. W.: ZigBee-based wireless sensor networks for monitoring animal presence and pasture time in a strip of new grass. In: *Comput. Electron. Agric.* 61 (2008), Nr. 2, S. 79–87. – ISSN 0168–1699

[84] NOACK, P. O.: *Ertragskartierung im Getreidebau*. Darmstadt : KTBL-Heft 70, 2007

[85] OEXMANN, B.: Dokumentationspflicht und landwirtschaftliche Produkthaftung. In: *NUTZTIERPRAXIS AKTUELL* 9 (2004)

[86] PIERCE, F. J. ; ELLIOTT, T. V.: Regional and on-farm wireless sensor networks for agricultural systems in Eastern Washington. In: *Comput. Electron. Agric.* 61 (2008), Nr. 1, S. 32–43. – ISSN 0168–1699

[87] PLATE, J.: *Linux Hardware Hackz - Messen, Steuern und Sensorik mit Linux.* 1.Auflage. München Wien : Carl Hanser Verlag, 2007

[88] PROFI: Die Brocken hingeworfen, Stammtisch des Fortschritts. In: *Profi* (07/2009)

[89] PROFI: iGreen - Intelligent verknüpft. In: *Profi* (12/2010)

[90] PROFI: Flexibles Getreidelager. In: *Profi* (5/2009)

[91] PROFI: Wo er hin passt, schafft er was. In: *Profi* (7/2009)

[92] REFERAT, 03: *Cross Compliance 2009.* Potsdam : Ministerium für Ländliche Entwicklung, Umwelt und Verbraucherschutz des Landes Brandenburg, 2009

[93] RISIUS, H. ; KORTE, H.: Prozessanalytik zur Gutstromtrennung während des Mähdruschs. In: *LANDTECHINK* (1.2010), S. 34–37

[94] SAUTER, Martin: *Grundkurs Mobile Kommunikationssysteme: Von UMTS und HSDPA, GSM und GPRS zu Wireless LAN und Bluetooth Piconetzen.* Wiesbaden : Vieweg, 2008

[95] SCHERBAUM, A.: *PostgreSQL. Datenbankpraxis für Anwender, Administratoren und Entwickler.* München : Open Source Press, 2009

[96] SCHMIDT, A.: R2B - Anforderungen an mobile Geschäftsprozesse. (2010). http://www.agrardienstleistungen.de/r2b/pdf/praesentationen/Vortrag-R2B-Anforderungen-Lohnunternehmer-BLU.pdf. – Zugriff am 03.01.2011

[97] SCHMITT, M. P.: *ARQ Systems for Wireless Communication,* TU Darmstadt, Diss., 2002

[98] SCHNEIDER, W.: Landwirtschaft 2010 - iGreen, Beratungssysteme der Zukunft. In: *Tagungsband zur 54. Wintertagung.* Rheinhessen-Nahe-Hunsrück, 2007

[99] SCHRÖDER, J. ; GOCKEL, T. ; DILLMANN, R.: *Embedded Linux.* Springer, 2009

Literaturverzeichnis

[100] STECKEL, T.: Anwendungsfälle MAIS. (2010). http://www.agrardienstleistungen.de/r2b/pdf/praesentationen/Vortrag-R2B-Anwendungsfaelle-CLAAS-1.pdf. – Zugriff am 30.09.2010

[101] STECKEL, T.: Mobile Anwendungen zur Optimierung von Geschäftsprozessen. (2010). http://www.agrardienstleistungen.de/r2b/pdf/praesentationen/Vortrag-R2B-Ueberblick-CLAAS.pdf. – Zugriff am 30.09.2010

[102] SWOBODA, J. ; SPITZ, S. ; PRAMATEFTAKIS, M.: *Kryptographie und IT-Sicherheit: Grundlagen und Anwendungen.* Wiesbaden : Vieweg Teubner, 2008

[103] TOLL, C. v.: *Untersuchung des Marktpotentials von selbstkonfigurierenden Drahtlosnetzwerken in der Landwirtschaft.* Berlin, TU-Berlin FG Konstruktion von Maschinensystemen, Diplomarbeit, 2010

[104] VOIGT, G.: *Untersuchung und Entwicklung eines Embedded Linux Gerätetreibers für den AT86RF231 Funkchip von Atmel.* Berlin, Technische Universität Berlin FG Konstruktion von Maschinensystemen, Bachelorarbeit, 2010

[105] WANG, N. ; ZHANG, N. ; WANG, M.: Wireless sensors in agriculture and food industry - Recent development and future perspective. In: *Computers and Electronics in Agriculture* (2006)

[106] WATTHANAWISUTH, N. ; TONGROD, N. ; KERDCHAROEN, T. ; TUANTRANONT, A.: Real-time monitoring of GPS-tracking tractor based on ZigBee multi-hop mesh network. In: *Electrical Engineering/Electronics Computer Telecommunications and Information Technology (ECTI-CON)*. Bangkok, 2010

[107] WAVECOM: *AT Commands User Manual - WISMO218 Wireless Standard MOdem*, 2010

[108] WIETZKE, J. ; TRAN, M. T.: *Automotive Embedded Systeme - Effizientes Framework - Vom Design zur Implementierung.* Springer, 2005

[109] WITZKE, H. v.: *Methan und Lachgas - Die vergessenen Klimagase.* Frankfurt am Main, 2007

[110] WOLLERT, J.: Bluetooth aktuell - Technik und Anwendungen Teil 5: Die Bluetooth Host Schnittstelle. In: *Elektronik* (2001)

[111] WÄSCHE, M.: Intelligentes Holz - RFID in der Rundholzlogistik. In: *Innovationstage BLE 2010*. Bonn : BLE, 2010, S. 121 – 123

Anhang

A Fragebogen

1. Fragen zum landwirtschaftlichen Betrieb

    a) Wieviele Mitarbeiter werden ungefähr für die Getreideernte in Ihrem Betrieb benötigt?
    b) Wie groß ist ihre Getreideanbaufläche?
    c) Welche Fruchtarten, die mit einem Mähdrescher geerntet werden, bauen Sie an und mit welchem ungefähren Anteil (in %)?
    d) An wen wird das Getreide direkt nach der Ernte verkauft oder wird es eingelagert und welcher ungefähre Anteil der gesamten Ernte (in %)?
    e) Wieviele Mähdrescher setzen Sie ein?

2. Wie wird die Ernte dokumentiert?

    a) Dokumentieren Sie die Ernte mit Hilfe eines Computers?
    b) Wenn ja, welche Software verwenden sie (z. B. MS Office Excel, JD Office usw.)?
    c) Werden Bordbücher auf den Mähdreschern geführt?
    d) Werden Bordbücher auf den Traktoren geführt?
    e) Wurde etwas an der Dokumentation geändert seit dem das Gesetz zur Dokumentationspflicht von Lebensmitteln in Kraft getreten ist (2005)?

A Fragebogen

3. Wie erfolgt der eigentliche Ernteprozess?

    a) Kennzeichnen Sie bitte die Reihenfolgen Ihrer Ernteketten, die am häufigsten angewendet wird. Hier ein Beispiel: 1. Mähdrescher -> 2. Traktor mit Überladeanhänger -> 3. LKW -> 4. Wage ->5. Landhandel

4. Zusammenarbeit mit Lohnunternehmern

    a) Setzen Sie Lohnunternehmer für das Dreschen des Getreides ein und in welchem Umfang, gemessen an der gesamten Getreidefläche?

    b) Setzen Sie Lohnunternehmer für den Transport des Getreides ein und in welchem Umfang, gemessen an der gesamten Ernte?

    c) Wonach erfolgt die Abrechnung mit dem Lohnunternehmer?

5. Service und Reparatur

    a) Wer führt die Reparaturen an den Maschinen durch und in welchem Umfang?

    b) Wenn ein Servicetechniker ein Problem feststellt, bis zu welchem Preis würden sie das entsprechende Ersatzteil prophylaktisch tauschen oder kategorisch erst, wenn es kaputt geht?

    c) Wären Sie bereit, dem Servicetechniker über das Internet Zugang zu ihren Maschinendaten zu ermöglichen

6. Welche Daten sind von Interesse?

    a) Welche der folgenden Punkte bei einer automatischen Aufzeichnung wären für Sie von großem Interesse:

    i. Maschineneinstellungen des Mähdreschers

    - Schneidwerk eingerückt [E/A]
    - Schneidwerk-Haspeldrehzahl [U/min]
    - Schneidwerk-Schnitthöhe [Position]
    - AUTO CONTOUR [E/A]
    - Dreschtrommel-Drehzahl [U/min]
    - Dreschkorbposition [Wert]

- Reinigungsgebläse-Drehzahl [U/min]
- Rotor-/Schüttler-Drehzahl [U/min]
- Abscheideempfindlichkeit [Wert]
- Einstellung Obersieb [Wert]
- Einstellung Untersieb [Wert]
- Kornreinigungsempfindlichkeit [Wert]
- Überkehrelevator-Drehzahl [U/min]
- Strohhäcksler [E/A]
- Korntank 70 % [E/A]
- Korntank 100 % [E/A]
- Korntank entladen [E/A]

ii. Leistungsdatenanalyse
- Aktuelle Ernterate/Durchsatz [t/h]
- Ernteflächenleistung [ha/h]
- Aktueller Ertrag [t/h]
- Abgeerntete Fläche [ha]
- Abscheideleistung [Wert]
- Kornreinigungsleistung [Wert]
- Kraftstoffverbrauch pro Schlag
- Kraftstoffverbrauch für Fahrwege
- Kraftstoffverbrauch während der Ernte

iii. Maschinenleistungsdaten
- Maschinenstandort (Breiten-/Längengrad)
- Motorbetriebsstunden [h]
- Motordrehzahl [U/min]
- Motorlast [%]
- Fahrgeschwindigkeit [km/h]
- Betriebsstunden (Dreschstunden) [h]

A Fragebogen

- Füllstand des Kraftstofftanks [%]
- Hangneigung [%]
- Seitliche Neigung [%]

iv. Personal bezogene Daten

- Arbeitsstunden/Pausen
- Fahrererkennung auf der Maschine
- Arbeitsleistung des Fahrers [ha/h]
- Fahrer bezogenen Maschinenbedienung (z. B. ständig Volllast)

b) Welche Daten oder Kennwerte hätten Sie gerne zusätzlich aufgezeichnet?

c) Denken Sie, dass man mit den gewonnenen Daten und Erkenntnissen der aktuellen Erntesession eine Verbesserung oder Optimierung der nächsten Erntesession erreichen kann?

Anhang

B Blockschaltbilder der LaSeKo - Box

B Blockschaltbilder der LaSeKo - Box

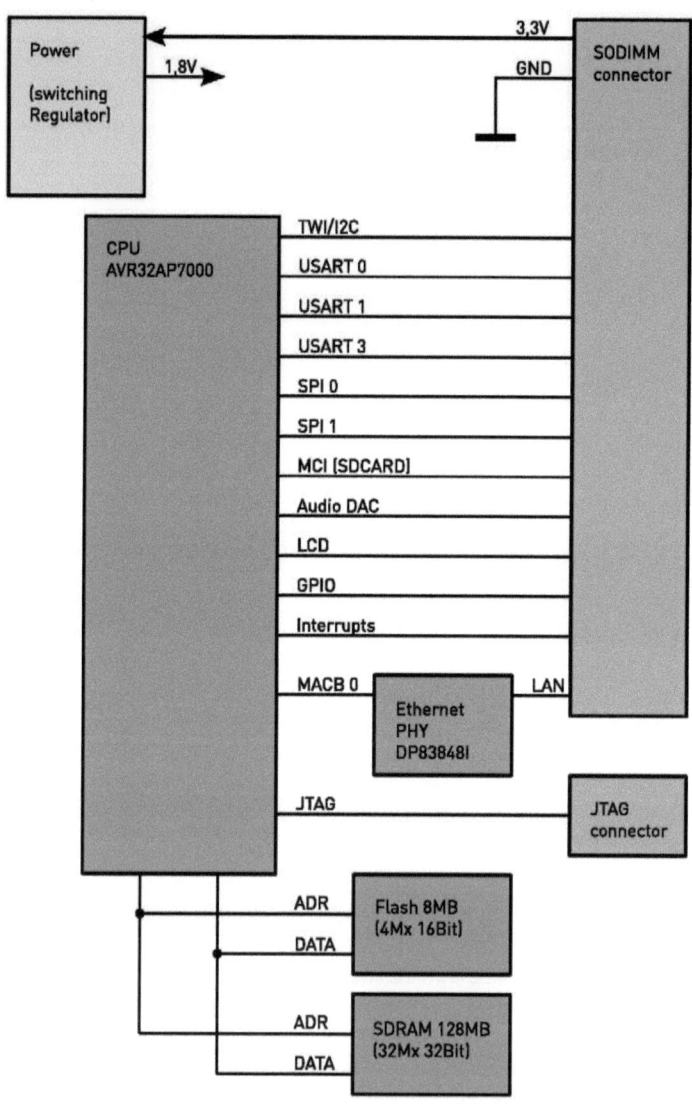

Abbildung B.1: DIMMCPUCB09 Blockschaltbild [15]

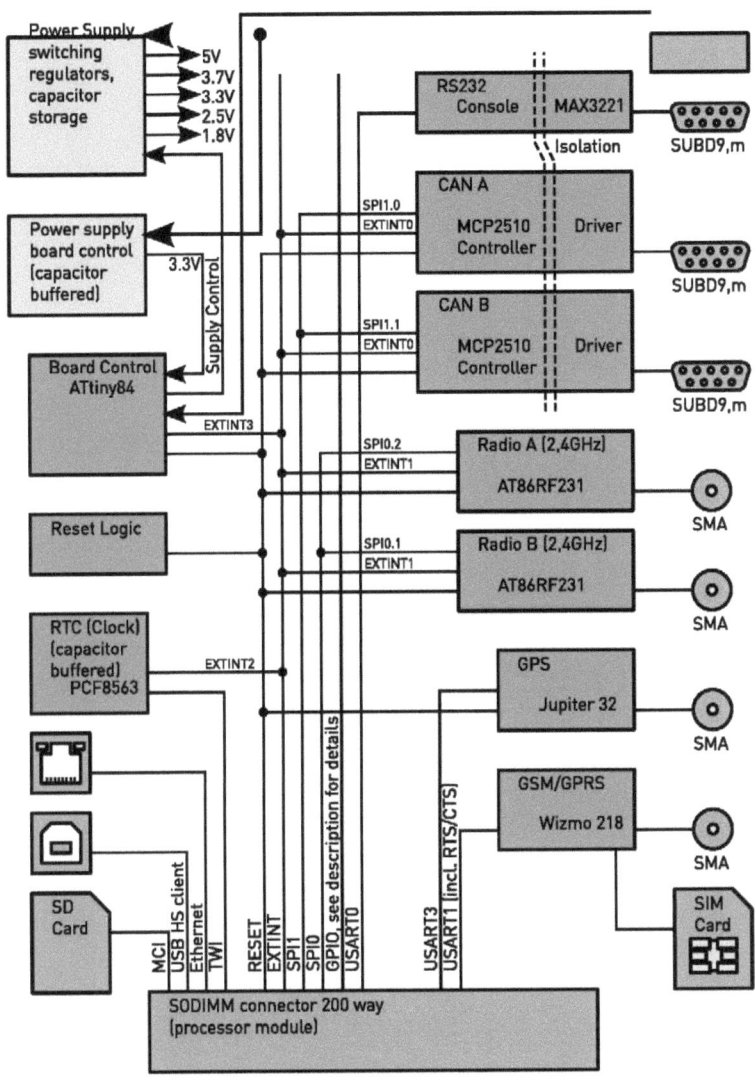

Abbildung B.2: DIMMCPUCB09 Blockschaltbild [14]

Anhang

C   Anleitungen für das U-Boot

C.1 Flashen des Filesystems per TFTP-Protokoll

Mit dem TFTP-Protokoll ist es ebenfalls möglich, das Filesystem auf ein Targetsystem zu kopieren. Hierzu muss als erstes ein TFTP-Server auf dem Hostsystem eingerichtet und gestartet werden. Einrichten eines TFTP-Servers auf dem Hostsystem:

1. Installieren des
2. Ordner für die Images anlegen:
3. Änderungen in die Konfigurationsdatei einpflegen
4. Neustarten des Servers

```
aptitude install tftpd-hpa
mkdir -p /srv/tftp
pico /etc/default/tftp-hpa
RUN_DAEMON="'yes"'
OPTIONS="'-l -s /srv/tftp"'
/etc/init.d/tftpd-hpa restart
```

In den definierten TFTP-Ordner z. B. /srv/tftp wird das Image kopiert. Ist ein DHCP vorhanden, muss auf dem U-Boot lediglich die IP des TFTP-Servers eingetragen und das Image kopiert werden. Das bereit gestellte U-Boot der Firma LogicWay ist soweit vorbereitet, dass nur folgende Befehle eingegeben werden müssen:

C Anleitungen für das U-Boot

```
set serverip 192.168.1.3
dhcp 0x90000000 [name_des_Image]
```

Wurde das Filesystem erfolgreich auf das Targetsystem kopiert, muss es lediglich noch in den Flashspeicher übertragen werden.

```
protect off 0x20000 0x7EFFFF
erase 0x20000 0x7EFFFF
cp.b 0x90000000 0x20000 $(filesize)
protect on all
reset
```

C.2 Konfiguration des U-Boots, um von der SD-Karte zu Booten

Das Embedded Linux kann auch von der SD-Karte gebootet werden. Dazu müssen folgende Einstellungen im U-Boot vorgenommen werden.

1. Mit der Leertaste nach dem Einschalten wird U-Boot aufgerufen

2. mit dem Befehl **printenv** Auflistung der Einstellungen:
   bootargs=console=ttyS0 root=/dev/mtdblock1 rootfstype=jffs2 bootcmd=fsload; bootm

3. Uboot> askenv bootcmd
   Please enter 'bootcmd': mmcinit; ext2load mmc 0:1 0x10400000 /boot/uImage; bootm

4. Uboot> set bootargs 'console=ttyS0 root=/dev/mmcblk0p1 rootfstype=ext2 rootwait'

5. Uboot> setenv ethaddr „00:04:25:1C:xx:xx" (MAC-Adresse setzen)
   Uboot> setenv eth1addr „00:04:25:1C:xx:xx"

6. Uboot> saveenv (Einstellungen sichern)

7. Uboot> boot

C.2 Konfiguration des U-Boots, um von der SD-Karte zu Booten

C.2.1 Shellscript zum Erstellen einer bootbaren SD-Karte:

```
#!/bin/sh
umount /dev/mmcblk0p1
dd if=/dev/zero of=/dev/mmcblk0 bs=512 count=1 &&
echo ",,83,*" | sfdisk /dev/mmcblk0 &&
mkfs -t ext2 /dev/mmcblk0p1 &&
mount /dev/mmcblk0p1 /mnt &&
tar xf binaries/atngw100db09/rootfs.avr32.tar.bz2 -C /mnt &&
echo "/dev/mmcblk0p1   /  ext2   defaults  0   0" > /mnt/etc/fstab &&
cat > /mnt/etc/network/interfaces << EOF &&
# Configure Loopback
auto lo
iface lo inet loopback
# Configure Ethernet 0
auto eth0
iface eth0 inet dhcp
# Configure Ethernet 1
auto eth1
iface eth1 inet static
        address 192.168.1.30
        netmask 255.255.255.0
        network 192.168.1.0
        broadcast 192.168.1.255
EOF
umount /mnt
```

i want morebooks!

Buy your books fast and straightforward online - at one of world's fastest growing online book stores! Environmentally sound due to Print-on-Demand technologies.

Buy your books online at
www.get-morebooks.com

Kaufen Sie Ihre Bücher schnell und unkompliziert online – auf einer der am schnellsten wachsenden Buchhandelsplattformen weltweit! Dank Print-On-Demand umwelt- und ressourcenschonend produziert.

Bücher schneller online kaufen
www.morebooks.de

VDM Verlagsservicegesellschaft mbH
Heinrich-Böcking-Str. 6-8   Telefon: +49 681 3720 174   info@vdm-vsg.de
D - 66121 Saarbrücken   Telefax: +49 681 3720 1749 www.vdm-vsg.de

Printed by Books on Demand GmbH, Norderstedt / Germany